心怀童心　迈向成长

万物有科学·物理思维导图

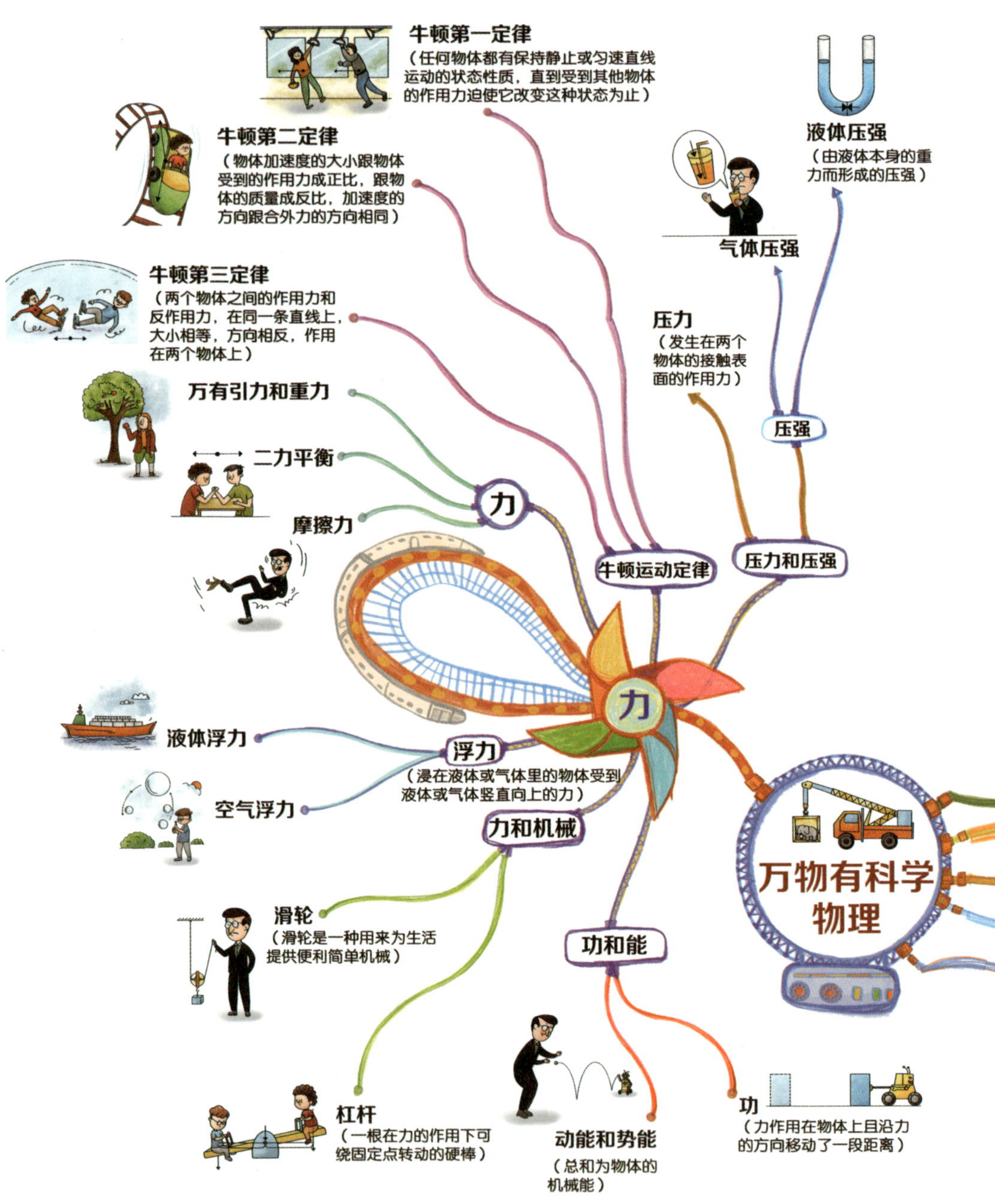

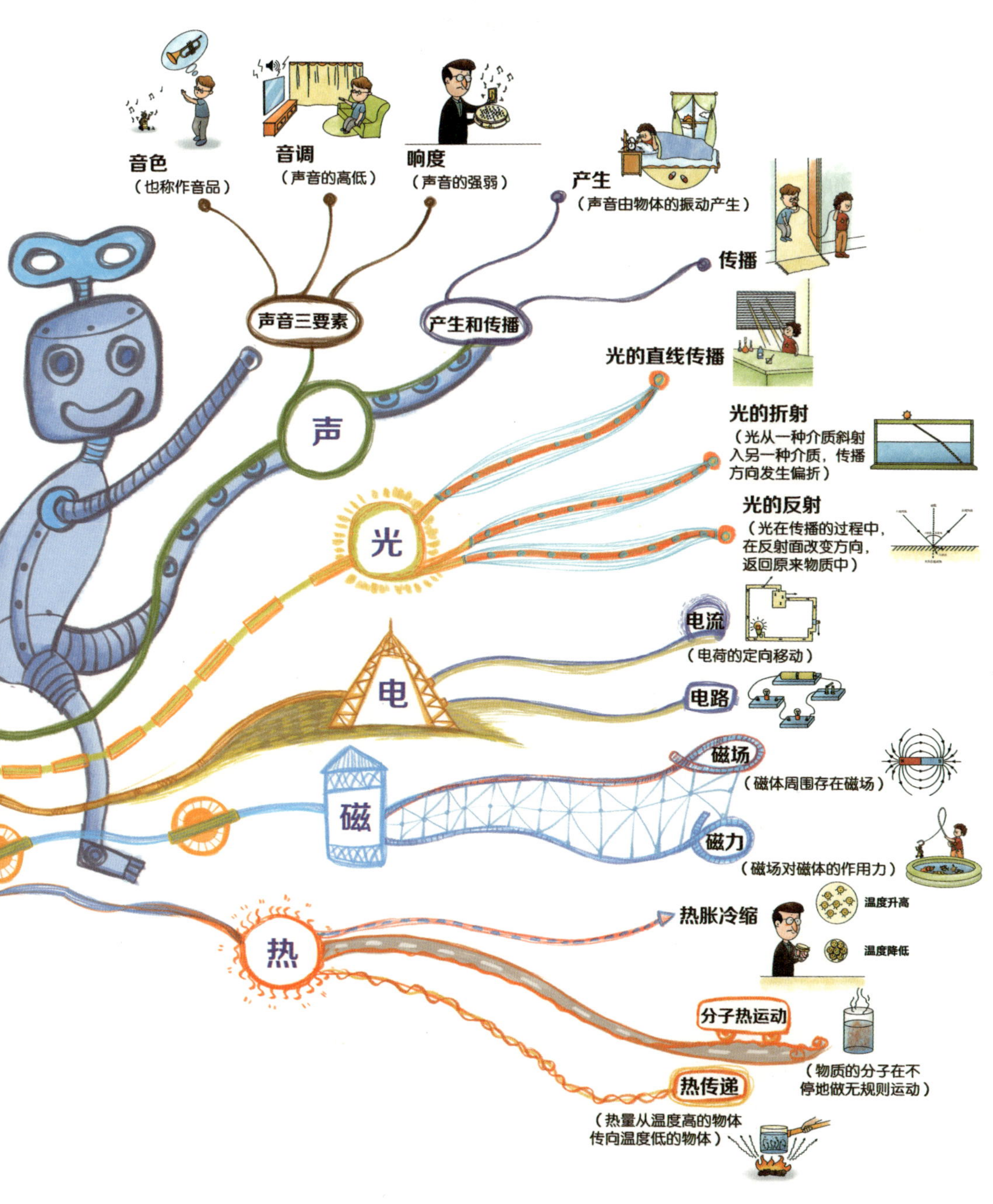
音色
（也称作音品）
音调
（声音的高低）
响度
（声音的强弱）
产生
（声音由物体的振动产生）
传播
声音三要素
产生和传播
声
光的直线传播
光的折射
（光从一种介质斜射入另一种介质，传播方向发生偏折）
光的反射
（光在传播的过程中，在反射面改变方向，返回原来物质中）
光
电流
（电荷的定向移动）
电路
电
磁场
（磁体周围存在磁场）
磁
磁力
（磁场对磁体的作用力）
热胀冷缩
温度升高
温度降低
热
分子热运动
（物质的分子在不停地做无规则运动）
热传递
（热量从温度高的物体传向温度低的物体）

图书在版编目（CIP）数据

机械和能量有办法 / 焦志强，曹刘霞著．— 沈阳：辽宁人民出版社，2024.5
（万物有科学）
ISBN 978-7-205-11026-0

Ⅰ．①机… Ⅱ．①焦… ②曹… Ⅲ．①机械—少儿读物 Ⅳ．① TH-49

中国国家版本馆 CIP 数据核字 (2024) 第 019194 号

出版发行：辽宁人民出版社
地址：沈阳市和平区十一纬路 25 号　邮编：110003
http://www.lnpph.com.cn
印　　刷：河北万卷印刷有限公司
幅面尺寸：165mm × 230mm
印　　张：7.5
字　　数：100 千字
出版时间：2024 年 5 月第 1 版
印刷时间：2024 年 5 月第 1 次印刷
责任编辑：高　丹　李　曼
装帧设计：马姗姗
责任校对：冯　莹
书　　号：ISBN 978-7-205-11026-0

定　　价：35.00 元

焦志强　曹刘霞/著
Fisher Lv/绘

辽宁人民出版社

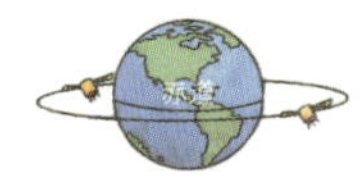

前言

你的脑子里是不是藏着一堆“为什么”：太阳为什么东升西落？水为什么会从水管里流出来？站在地球另一端的人为什么不会掉下去……如果我猜对了，那么祝贺你，你有成为一名科学家的潜质。

为什么这么说呢？现代科学幻想之父儒勒·凡尔纳曾说过：“只有探索才能知道答案。”牛顿因为好奇一个掉落的苹果发现了万有引力，莱特兄弟根据竹蜻蜓的原理发明了飞机，阿基米德在洗澡时看到澡盆中溢出的水发现了阿基米德定律……这些情景对每个人来说都不陌生，科学家们之所以能够取得伟大的成就，就是因为他们比常人更爱问“为什么”。

希望你永远怀有好奇之心，不要停止对科学探索的脚步。

你是不是觉得科学很高深，而且离我们很遥远？其实，科学离我们并不遥远，它就隐藏在触手可及的地方。我们生活的物质世界就是科学的世界，有太多的新事物和新发现等着我们去探索。

你一定见过晶莹剔透的雪花吧，还有冒着气泡的汽水、游乐场里呼啸翻滚的过山车、地球上的风雨雷电、天上的日月星辰……这些事物当中都蕴含着科学原理，就连我们穿的鞋子，都巧妙利用了摩擦力。可以说，科学无处不在，万事万物中皆有科学。

还要悄悄告诉你，科学既亲切又充满智慧，不管你是幼儿园的小朋友，还是迈进小学的大孩子，都可以跟科学做朋友。生活中遇到困难时，往往都是科学在关键时刻向我们伸出援手：在陌生的地方迷了路，科学会帮助你辨别方向；在体育课上想跑得更快、跳得更高，科学会为你奉上窍门；要出门玩耍，先看看天气预报，科学可以让你免受风吹雨淋。不仅如此，

科学还能教你制作美味佳肴、使用各种电器、保护自己的身体……它能使你了解身边的一切，所以，早点儿和它成为朋友，你将会充满智慧。

《万物有科学》将藏在我们身边的科学挖掘出来，在轻松幽默的故事中和你一起探索科学的原理。该套书将向你介绍物理、化学、天文、地理和身体五大类别的科学知识，共分八册，涉及力、力的运动、机械、能量、声、光、电、磁、热、化学反应、化学元素、地理、太空和身体等多个科学范畴，内容覆盖初中物理、化学课本80%以上的内容，在写作过程中，还参考了小学科学课程标准，包括800多个知识点，将看似神秘难懂的科学常识转化为通俗易懂的情景故事。相信读过《万物有科学》以后，你会惊叹：哇，科学原来如此简单，科学竟然这么好玩！

为了让你将学到的科学知识动手实践出来，书中还精心设计了游戏实验环节，故事后面的游戏或小实验，从重力体验、自制连通器、制作美味的晶体棒棒糖和原子模型，到模拟洋流、地球公转、人体呼吸系统，应有尽有，各种各样的趣味实验不仅让你玩得过瘾，还能巩固知识，培养动手能力。

或许你对科学还不太了解，或许一提起科学，你脑海里浮现出的都是公式、实验、各种晦涩难懂的定律和原理，觉得科学既枯燥又无聊，还有那么一点儿让人害怕。这些都没有关系，《万物有科学》将带你走进包罗万象的科学世界，成为你发现世界、认识世界的桥梁。愿每一位读过《万物有科学》的小朋友从此都爱上科学，积极探索，收获生活中的智慧。

童心布马科学项目组

目录

孔明灯与氢气球 1

物理概念：空气浮力

惊险的跳伞运动 9

物理概念：空气阻力

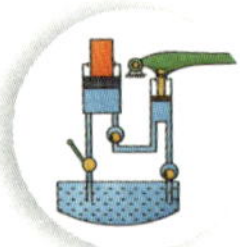

力大无穷的液压千斤顶 16

物理概念：液体分压原理

人多力量大 24

物理概念：合　力

会自己向上爬的水 31

物理概念：毛细现象

抱在一起的乒乓球 39

物理概念：气体压强与流速的关系

看不见的能量 45

物理概念：动能和势能

能量大变身 53
物理概念：能量转化

谁做的功多 61
物理概念：功

不可能存在的永动机 67
物理概念：永动机

撬起地球的大力士 74
物理概念：杠　杆

轮轴大集合 82
物理概念：轮　轴

如何提起一头大象 89
物理概念：滑　轮

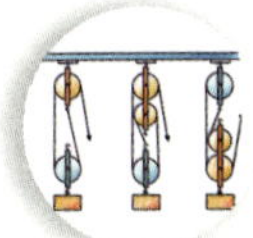

两全其美的组合 95
物理概念：滑轮组

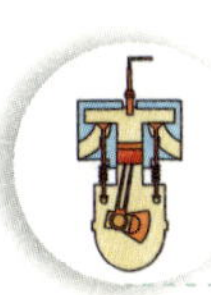

发动汽车 102
物理概念：汽油发动机

布马小镇主要人物登场

肯博士

布马小镇有名的科学家，聪明又迷糊，最大的爱好是做实验和搞些稀奇古怪的发明。

热情、具有好奇心的小男孩，刚刚升入小学三年级。爱探索，充满行动力，不过时常会因为鲁莽冒失惹出麻烦。

阿布

细心、胆小、头脑灵活。喜欢看书，爱提问题，只是不擅长运动，为此有点儿苦恼。

小米

聪明、漂亮的学霸小女生，爱帮助别人。不过偶尔也会因为意见不同跟同学拌嘴。

布马1号

肯博士心爱的小机器人，自认为是肯博士的得力助手。有时会偷懒，工作太辛苦时还会发脾气。

布马2号

工作认真、任劳任怨的小机器人。头脑不太灵活，曾搞出过可怕的“洁厕灵事件”，害得肯博士晕倒在厕所里。

孔明灯与氢气球

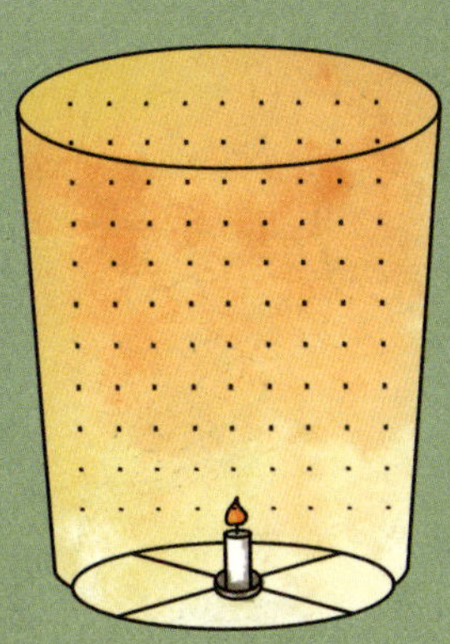

物理概念

空气浮力

布马小镇的元宵灯会总是分外的热闹，阿布是猜灯谜的高手，每次都能赢得奖品回来。这不，他又猜对了一则灯谜：身材圆滚滚，长得白又胖，下锅煮一煮，盛起大家尝。这是一种又香又甜的食物，每逢农历正月十五，家家户户都会吃。

小鲁还没来得及张嘴，阿布脱口而出："元宵。""你就不能让我抢答一回吗？"小鲁噘着嘴抱怨道，不过他看到奖品，马上就笑了。这是一个灯罩似的东西，里面用塑料做了框架，还放了一根小小的蜡烛。

这是什么呀？阿布也没见过这个东西，左看右看，不知该怎么用。幸好，肯博士也来了。

"哎呀，这不是孔明灯吗？"肯博士拿过了阿布手里的"灯罩"，赞叹起来，"这可是一种古老的手工艺品，据说是按照三国时期蜀国丞相诸葛亮的帽子制作的呢。"

听他这么一说，小鲁和阿布顿时来了兴趣。肯博士带着他们来到了一处空地上，点燃了孔明灯里的蜡烛，孔明灯竟然自己慢慢飞了起来，而且越飞越高，居然一直升到了夜空中。

“好美啊，就像星星一样。”小鲁和阿布仰头望着它，直到孔明灯消失不见。

孔明灯为什么能自己飞上天空呢？这是因为它得到了空气浮力的帮助。空气又不是水，它也有浮力吗？是的，我们的四周充满了空气，所以，可以把空气想象成水，浸在空气中的物体就像浸在液体中的物体一样，会受到一个向上的浮力，这就是空气浮力了。

与液体浮力类似，物体所受空气浮力的大小与排开空气的体积大小有关。

小鲁好奇地问：“为什么我感觉不到空气浮力呢？”

肯博士指指天空说道：“空气浮力非常小，相对于重力对我们产生的作用，它甚至可以忽略不计。除非，你也像孔明灯那样，体积又大，分量又轻，所受的空气浮力大于重力，就可以飞上天空。那样，你就可以感受到它了。”

当我们点燃孔明灯里的蜡烛时，孔明灯内的空气受热膨胀，灯内会有很多空气被挤出灯外，这样孔明灯的重量就会变小，当蜡烛加热一段时间后，空气浮力就会大于孔明灯的重力，孔明灯就在空气浮力的作用下飞上天空了。

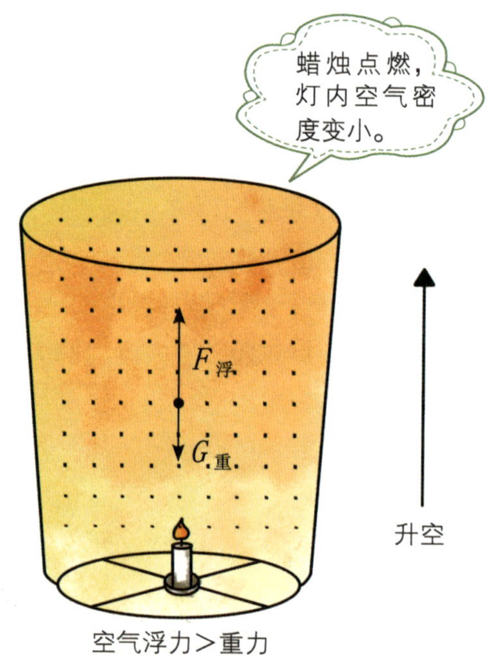

空气浮力＞重力

除了孔明灯，还有一种可以自己飞上天的东西，那就是氢气球。它的原理和孔明灯几乎一样，氢气球里面充满了氢气，氢气的重量非常小，因此氢气球所受到的空气浮力比它自身的重力大，氢气球就飞上天空了。热气球也是如此。

“空气浮力可真了不起！”阿布惊叹道，不过他又有点儿难过，因为孔明灯就这么飞走了。肯博士见了，从口袋里掏出了自己刚刚赢得的

奖品——一瓶泡泡水，把它送给了阿布，阿布就又高兴了起来。

虽然空气浮力很难被察觉，但它很喜欢和小朋友一起做游戏，就像阿布吹出的泡泡，先上升一段高度，然后再飘落到地面上。泡泡一开始往上飞就是因为空气浮力的作用，因为人呼出的气体温度高，相同的体积下重量小，所以开始的时候泡泡受到的浮力大于重力。但随着泡泡内的气体温度降低，气泡的体积会变小一些，这时所受到的重力大于浮力，它就会飘落到地面上了。

小鲁和阿布玩得很高兴，谁也没注意到这个奇妙的物理现象。肯博士也没有点破这个小秘密，毕竟生活中还有很多机会让我们去了解空气浮力呢。

什么是空气浮力？孔明灯为什么能飞向天空？

自制孔明灯

孔明灯真的能自己飞上天空吗？不如按照下面的步骤来做一盏孔明灯，和爸爸妈妈一起到户外去放飞吧。

安全提示： 此实验需有家长陪同进行；放飞孔明灯需选择安全的场所，避免引起火灾

实验准备： 4 张拷贝纸，1 根蜡烛，细铁丝，老虎钳，胶水，1 根长线

实验过程：

1. 将 4 张纸分别按图 1 所示剪裁好；

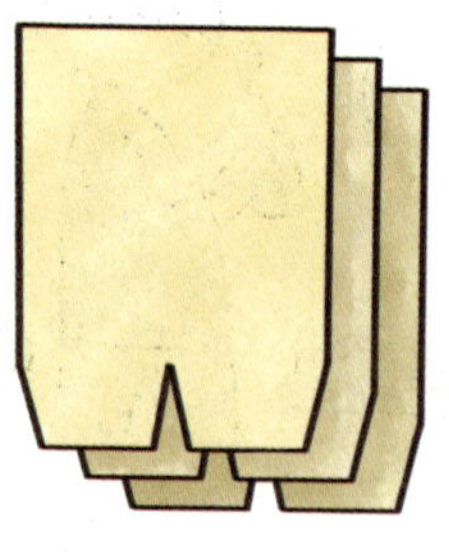

图 1

2. 其中 3 张纸粘成圆筒形，另一张圆形纸粘在顶部，见图 2；

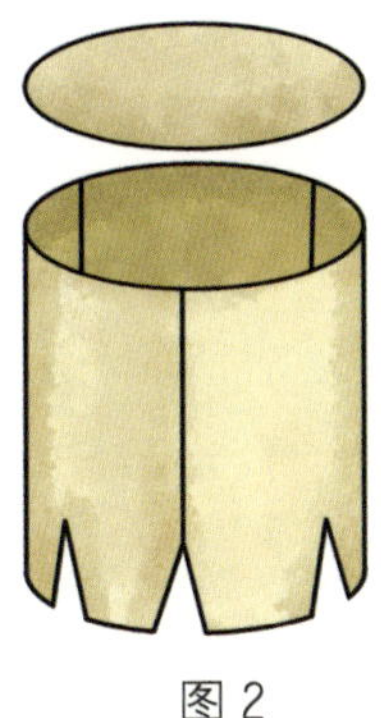

图 2

3. 拿起铁丝，用老虎钳弯成一个圆圈，中间再用两根细铁丝十字交叉固定，见图 3；

图 3

4. 在做好的铁丝底座中央放蜡烛，周边涂上胶水，将圆形细铁丝和圆筒固定在一起；

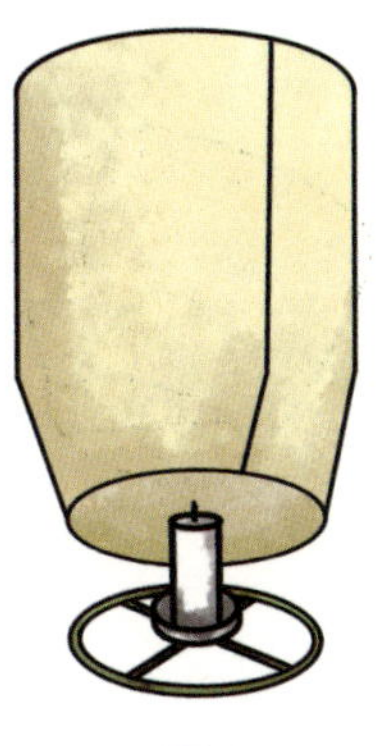

图 4

5. 等胶水干了，把纸撑开，绑上长线，点燃蜡烛，十几秒过后，热气会使孔明灯膨胀，松开手，孔明灯就升起来了。

物理原理——空气浮力：点燃的蜡烛加热孔明灯内的空气，使里面的空气膨胀，挤出一部分空气，这样孔明灯的重量降低，小于它所受到的空气浮力，就会在空气浮力的作用下飞向天空。

- 处在空气中的物体就像浸在液体中的物体一样，会受到一个向上的力，这就是空气浮力。
- 物体所受空气浮力的大小与排开空气的体积大小有关。
- 空气浮力产生的原因：处于空气中的物体受到空气对物体向上和向下的压力差。
- 空气浮力非常小，相对于重力对我们产生的作用，甚至可以忽略不计，所以人们很难感觉到空气浮力的存在。

惊险的跳伞运动

空气阻力

阿布正在读一本历史科普书，他在书上发现了一段有趣的文字：元朝时，一位皇帝在登基大典上，请来了很多艺人表演节目，其中有位艺人手拿巨大的纸伞，从高处跃下，平安落地，这可以说是历史上最早的运用降落伞原理的记录了。

阿布把这本书推荐给了小鲁，可小鲁根本不相信，因为他小的时候，曾经举着雨伞从街心公园的滑梯上向下跳，结果不但扭伤了脚，还摔得满身都是伤。

两个人说得似乎都有理，谁也说服不了谁。像往常一样，还是热心的肯博士跑来为他们调解。

“你们说得都没错，”肯博士说道，“古人能用巨型纸伞从高处落地，是因为它的构造比较特殊，就像降落伞一样，能够充分利用空气阻力。”

什么是空气阻力呢？空气阻力就是物体运动时，空气对物体的阻力。人们正是根据空气阻力的原理发明了降落伞。降落伞有一个巨大的伞面，可以增强跳伞员下降时受到的空气阻力，使他能够慢慢地落到地面上。

著名物理学家牛顿发现，空气阻力的大小与运动物体的迎风面积和速度有关，物体迎风面积越大，所受空气阻力越大，物体速度越快，所受空气阻力越大。降落伞的伞面很大，也就是迎风面积大，所以它受到的空气阻力也很大。

介绍了降落伞的原理，肯博士又向小鲁解释："至于雨伞为什么不能当作降落伞，因为，从高处跳下时，雨伞的伞面会向上翻折，起不到借助空气阻力的作用。而且，它的伞面面积太小了，根本支撑不了一个人的重量，所以，千万不要再尝试这种危险的游戏了。"

小鲁的脸红了。好在肯博士迅速转移了话题，原来，空气阻力也是个"两面派"，有时对人类有益，有时对人类有害。

比如春秋季，我们经常会遇到尘土飞扬的天气，它就是空气阻力导致的。尘土虽然只是微小的粉尘颗粒，但也有一定的重量，可以较快地落在地上。但由于空气阻力的作用，它们便飘浮在空中，严重影响了空

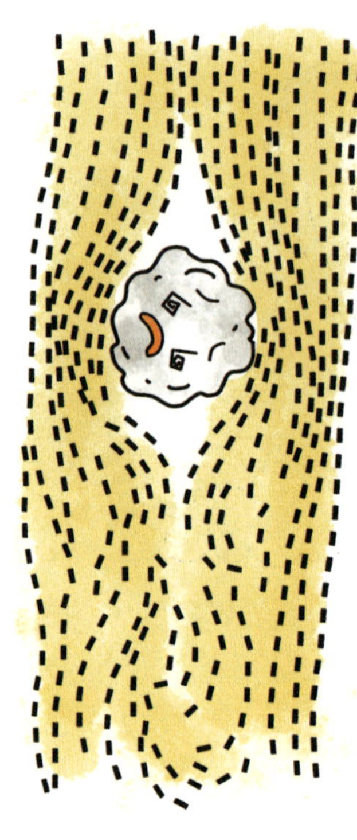

气质量。

但也正是因为空气阻力的作用，从高空中落下的雨点掉在我们身上才没有那么疼。想想看，如果空气阻力消失了，雨点落下的速度非常惊人，可是会砸伤人的，要是换成冰雹，那就更不得了了。

不过不用担心，人们从很早以前就开始探索如何减小或放大空气阻力为我们服务了，在肯博士的提示下，就连小鲁和阿布也能举出不少例子呢。

小鲁想到的是马路上奔跑的轿车，它的车身是流线型的，这样可以减少行驶时受到的空气阻力。阿布想到的是夏天时人们经常使用的扇子，扇风时，会感觉到扇子受到一个很大的阻力，这也是空气阻力。

轮到肯博士了，他举出的例子多得数不过来：挥动手臂，在路上行走奔跑，挥动乒乓球拍……这些都会受到微小的空气阻力。

“我还可以教给你们一个放大空气阻力作用的办法。”肯博士说着，拿出了一个塑料袋，用一根细绳拴住了它的两个提手。三个人来到了学校的操场上，拉着细绳拴住的塑料袋，一起奔跑起来。

“肯博士，我发现了，拉着细绳奔跑时，塑料袋会给我一个很大的力，这就是空气阻力。”小鲁和阿布一起说道。

肯博士开心地点点头，看来他们已经明白了空气阻力的奥秘，今天的学习可以圆满结束了。

思 考

什么是空气阻力？降落伞为什么能让跳伞员安全落地？雨伞为什么不能代替降落伞？

不同落速的降落伞

和爸爸妈妈一起做几个迷你降落伞，感受一下空气阻力吧。

安全提示： 此实验需有家长陪同进行；使用针线时注意安全，避免扎伤

实验准备： 3块不同大小的正方形纱布，针，细线，相同重量的沙包3个

实验过程：

1. 把线穿到针上，用针线穿过正方形纱布的一个角，线的另一端穿在沙包上，四个角皆如此；

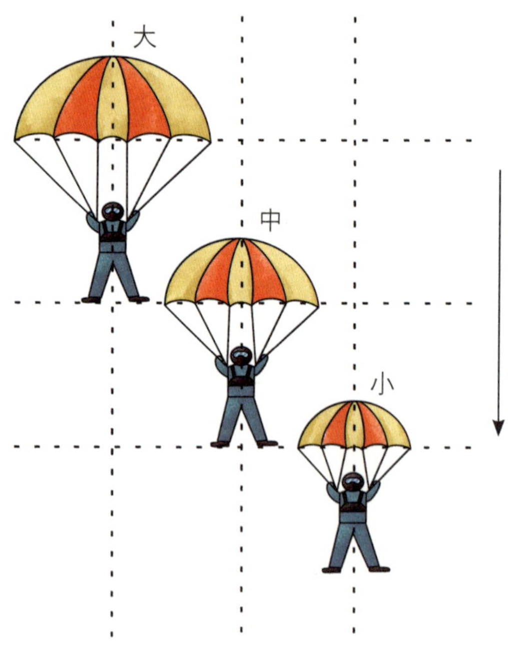

2. 换另外两块不同大小的纱布进行步骤 1 的操作，做成三个不同大小的降落伞；

3. 从相同的高度同时扔下它们，会发现纱布面大的沙包降落得慢，纱布面小的沙包降落得快。

物理原理——空气阻力大小与迎风面积有关：降落伞是利用空气阻力，使物体能够缓慢下落，下落速度与迎风面积有关，迎风面积越大，所受空气阻力越大，下降速度越慢，反之亦然。

- 空气阻力就是空气对物体运动的阻碍力。
- 空气阻力的大小与运动物体的迎风面积和速度有关。同样的速度，物体迎风面积越大，所受空气阻力越大；同样的迎风面积，物体速度越快，所受空气阻力越大。

力大无穷的液压千斤顶

物理概念

液体分压原理

今天，小鲁的班级在拔河比赛中出尽了风头，他们打败了同年级所有的对手，夺得了冠军。

“哈哈哈，我们都是大力士！”小鲁站在领奖台上，手举着奖杯，乐得合不拢嘴。

我是大力士。

台下有人不服气了：“吹牛，真正的大力士能举起几百斤的东西，你能行吗？”

小鲁听了这话，顿时觉得伤了自尊，想都没想就说道：“几百斤的东西有什么了不起，等着瞧，明天我就举 2500 千克的东西给你们看看。”

这下牛皮吹大了。小鲁刚从领奖台上下来，就被阿布拽走了。他拉着小鲁去找肯博士求助。

可是，肯博士也不是万能的，他连连摇头，连最新的吉尼斯举重纪录也不过几百斤而已，小鲁想举起 2500 千克的东西，简直是天方夜谭。

小鲁知道自己又惹了大麻烦，低着头一声不吭，看来明天他一定会被全校同学当成笑柄了。

还是阿布替他想出了主意：“肯博士，您能不能设计一个机械手臂，让它来帮助小鲁？”

肯博士眼睛一亮，这倒是个好办法。“让我想想，千斤顶可以举起几吨重的汽车，或许我可以利用它的原理来搞点儿发明。”

肯博士从自己的车上拿来了一个千斤顶，告诉小鲁和阿布："这个是液压千斤顶，生活中人们经常用到它。这种千斤顶的工作原理和液体的压强有关，而且，它还涉及了帕斯卡定律。"

帕斯卡定律只能应用在液体上。水这样的液体是会流动的，假设把它装在一个密封的软塑料瓶中，再用手捏一捏瓶子，这样一来，由于受到外界的力，本来处于静止状态的水的某一部分就会产生压力变化，而且这种变化还会向不同的方向传递。

什么是帕斯卡定律呀？这个新名词小鲁和阿布听都没听过。肯博士拿来了一个装满水的注射器，对他们说："你们看，这个注射器里装满了水，现在我把注射口堵住，再推动注射器，这个推动的力就会传递到注射器和水接触的各个点上，而且这些点受到水的压强和我推动注射器的力的压强是相等的。这就是帕斯卡定律，不可压缩的

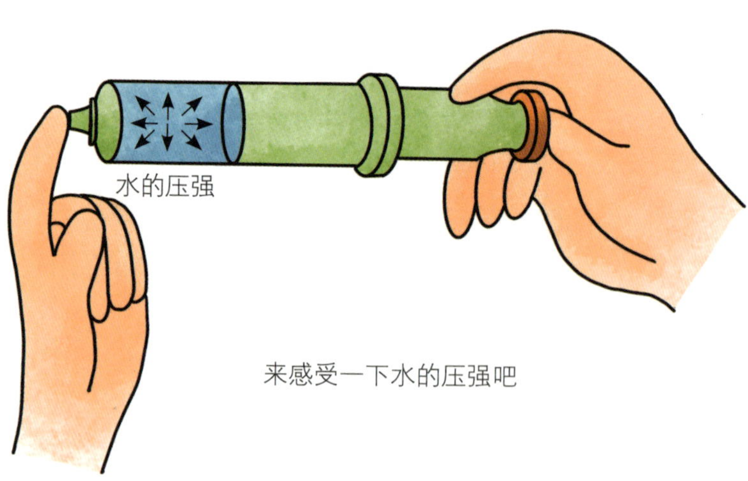

来感受一下水的压强吧

静止流体中任一点受到的压力增大后，此压力瞬时间传至静止流体各点。”

阿布好像听明白了：“按照这个原理，液压千斤顶就和一个特大号的注射器差不多吧？”

肯博士赞许地拍了拍阿布的肩膀，没错，液压千斤顶就是把帕斯卡定律放大了很多倍。通常，液压千斤顶由杠杆手柄、活塞、油箱、管道等构成。让我们把它打开看一看：

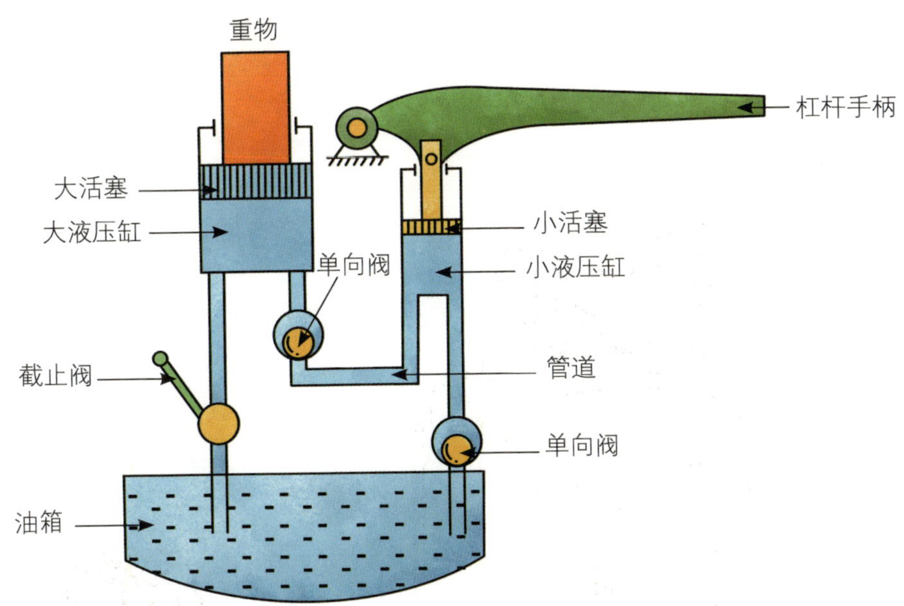

当我们拉动手柄时，活塞会向下，给千斤顶内部静止的液体油一个压力。别看活塞和液体油接触的面积不大，但是它产生的压力却非常大。还记得刚刚我们提到过的帕斯卡定律吗？这个压力还会向不同的方向传递，因此，液体油会产生一股对外、向上的力，这股力会传导到千斤顶内的大液压缸，于是大液压缸向上，将重物顶起。

这就是小小的千斤顶能够顶起沉重汽车的原因了。

历史上还有一个和帕斯卡定律有关的实验呢。法国物理学家帕斯卡曾把一个水桶装满水封口，再在水桶盖子上引出一根非常长的管子，在楼上的阳台上给细长的管子灌水，发现往管子里倒了几杯水后水桶竟然裂开了！因为管子很细，几杯水倒进去后管内的水位增高了。我们之前讲过液体压强与液体深度有关，管中水很高时，桶中水的压强会非常大。根据帕斯卡原理，水的压强是朝各个方向并且相等的，桶承受不住如此大的压强就会裂开。这就是著名的“裂桶实验”。

小鲁和阿布听得入了迷，几乎忘了来这里的目的。还是肯博士转回了正题。肯博士不愧是天才科学家，他果然根据帕斯卡定律制作出了一个“大力士”机械手臂。不过他有个要求，那就是让小鲁在展示机械手臂时，向大家讲清楚其中的原理。

水压机、液压制动闸也都利用了帕斯卡定律哟。

“我要让大家知道，谁才是真正的大力士。”肯博士看着自己的杰作，得意地笑了。

液压千斤顶为什么可以举起笨重的汽车？

自制帕斯卡瓶

你知道吗？帕斯卡定律就隐藏在我们的身边，按照下面的步骤，制作一个帕斯卡瓶，去捕捉它吧。

安全提示：此实验需有家长陪同进行；为矿泉水瓶打孔时小心尖锐工具，避免扎手；实验中请注意与插座和电器保持安全距离

实验准备：矿泉水瓶，注射器（不带针头），热熔胶

实验过程：

1. 矿泉水瓶盖打孔，大小与注射器的注射口直径相等；

2. 瓶内装满水，瓶盖拧紧；

3. 注射器插入瓶盖孔内，用热熔胶密封，防止漏水；

4. 矿泉水瓶倒立，瓶底均匀打上一圈小孔；

5. 用力压注射器，你会发现矿泉水瓶瓶底的小孔有水喷出。加大对注射器的压力，你会发现水喷得更远，并且从不同孔喷出的水的距离是一样的。

物理原理——帕斯卡定律： 根据帕斯卡定律可知，密闭容器内静止流体内的压强处处相等。注射器给瓶中水一个压强，瓶中水对瓶子的压

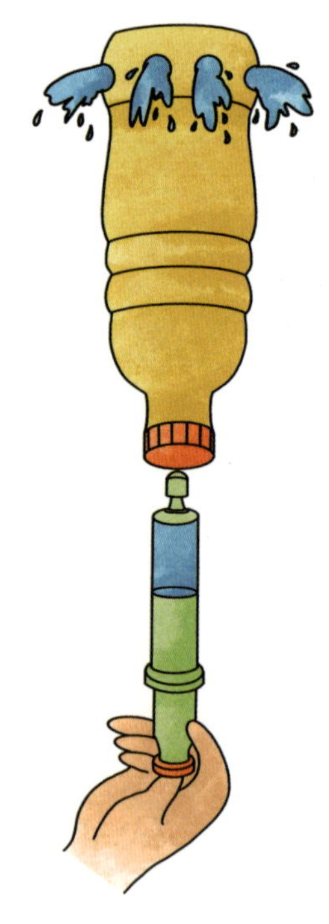

强就等于此压强，所以加大对注射器的压力后，水的压强会增大，喷得会更远，并且水各处压强都等于注射器对水的压强，所以喷射的距离也都相同。

- 帕斯卡定律：不可压缩静止流体中任一点受外力产生压力增值后，此压力增值瞬时间传至静止流体各点。
- 帕斯卡定律只能应用在液体上，由于液体的流动性，封闭容器中的静止流体的某一部分发生的压强变化，将大小不变地向各个方向传递。
- 法国物理学家帕斯卡用著名的裂桶实验证实了帕斯卡定律。
- 根据帕斯卡定律，若一个流体系统中有大小两个活塞，在小活塞上施以小推力，通过流体中的压力传递，在大活塞上就会产生较大的推力。人们就是根据这个原理制造出了液压千斤顶、水压机等机械。

人多力量大

物理概念

合力

下课了，身为值日生的小鲁和阿布要负责把一箱体育器材送到学校的仓库里去。这个箱子可真重啊，小鲁和阿布一起推着箱子，费力地向仓库移动着。

半路上，他们遇到了肯博士，不等两个人开口求助，肯博士就热情地走了过来，他让小鲁和阿布松手，自己推起了箱子。

多亏了肯博士的帮助，箱子很快被送到了仓库里。三人往回走时，小鲁和阿布连连向肯博士道谢。肯博士摆摆手说道："不用客气，我不过是想让你们见识一下合力的作用罢了。"

"什么是合力啊？"小鲁和阿布从没听过这个词。

肯博士模仿着推箱子的动作，说道："这个箱子虽然很重，你们两个人才能推动，但换成了我这个大人，自己就可以推动。如果一个力产生的作用效果和几个力共同作用时产生的效果相同，这个力就叫作那几个力的合力。"

力是矢量，也就是既有大小又有方向的量。合力指的是作用于同一物体上多个力加在一起的矢量和。组成合力的每一个力就叫作分力。

用肯博士推箱子的力替代小鲁和阿布推箱子的两个力，可以称为力的等效替代。

“那合起来的力就是合力吗？”小鲁还是有点儿不太明白。

肯博士摇摇头，“这个说法不准确，几个力合成的条件必须是同时作用在一个物体上的。同时，合力是建立在‘相同效果’的基础上，也就是合力取代了分力，而并不是物体受到分力的同时还受到合力的作用。”

这一次，小鲁总算弄明白了，他马上联想到了自己和爸爸一起去骑

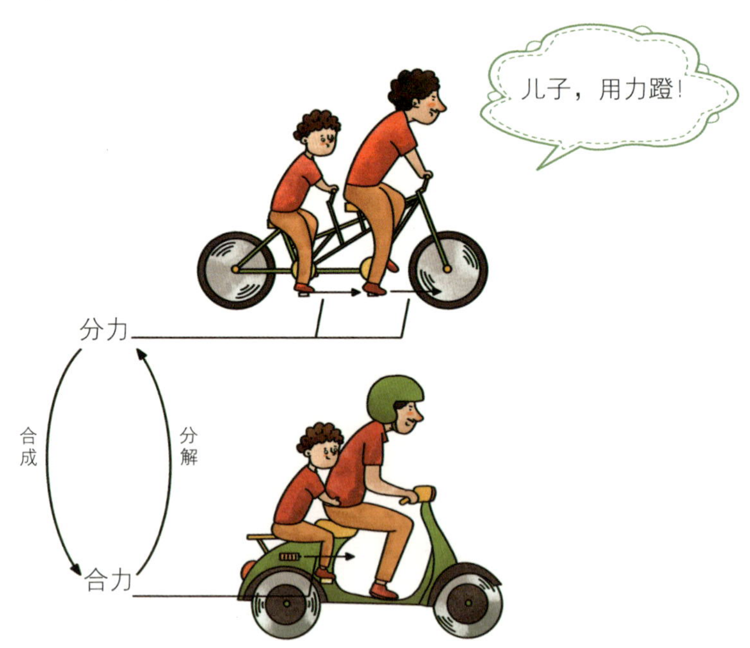

双人脚踏车的情景：他和爸爸一起踩脚蹬，自行车会向前行驶。如果给自行车改造一下，装上电瓶，产生的力同样可以让自行车有“相同效果”向前行驶，这不就是合力吗？

看到小鲁终于明白了什么是合力，肯博士很高兴，他告诉小鲁：“没错，而且你爸爸和你使用的力方向相同，在这种情况下，合力就等于你们两个力的和，也就是 $F_{合}=F_1+F_2$，方向不变。”

还有一个例子，小鲁和妈妈每次购物回来，购物袋总是塞得满满的，妈妈一个人拎感觉很吃力，所以他常常和妈妈一起拎购物袋，这同样也是合力。

像小鲁和妈妈一起拎购物袋这样，两个力不共线，那么对角线的方向就是合力的方向。

其实，合力也不相同，除了小鲁和阿布想到的两种情况，有时两个力的方向还会相反，这个时候，合力等于两个力的差，也就是 $F_{合}=F_1-F_2$ 或 $F_{合}=F_2-F_1$，哪个力大一点儿合力的方向就和哪个力的方向相同。比如你把一个皮球向上抛，它很快又会落下。在下落过程中它既受到重力作用，又受到空气阻力作用，两个力方向相反，而且重力大于空气阻力，那么合力就是重力减去空气阻力的差，它的方向也和重力的方向相同。

还有一种情况，两个力是平衡力，大小相等、方向相反、在一条直线上，那么合力为 0。

小朋友，你在生活中也遇到过合力吧？它们属于哪一种呢？

思考

什么是合力？什么情况下合力为0？

小游戏

看看下面几幅小图，你能画出每幅图中合力的方向吗？

- 力是矢量，也就是既有大小又有方向的量。合力指的是作用于同一物体上多个力加在一起的矢量和。组成合力的每一个力就叫作分力。
- 如果两个力的方向相同，则合力等于两个力的和，方向不变。
- 如果两个力的方向相反，则合力等于两个力的差，方向和大一点儿的力的方向相同。
- 如果两个力是平衡力，大小相等、方向相反、在一条直线上，那么合力为0。

小游戏答案

会自己向上爬的水

物理概念

毛细现象

肯博士又准备外出考察了，这一次，他接到了一条有趣的信息：四川广元县有一个会“害羞”的泉水，只要往泉水里丢一颗石子，它就会像害羞的小姑娘一样，藏起来消失不见。

这么奇特的现象，肯博士绝对不会错过。他马上启动了时空穿梭机，刚要出发，小鲁和阿布不知从哪里冒了出来，一起挤上了时空穿梭机。

很快，他们来到了广元县，这里果然是风景秀丽的好地方。肯博士拿着地图，带着小鲁和阿布在山中找到了传说中的含羞泉。这处泉水清澈见底，不过，看上去和其他泉水似乎也没有什么不同。肯博士在泉边走了几步，从地上捡起了一颗小石子，丢了进去，“扑通”一声，泉水产生了响声振动，突然向泉洞中“缩”了进去，消失不见了。

看，含羞泉的泉水受到振动就会蜷缩。

“哎呀，肯博士，你把它吓跑了！”小鲁不满地对肯博士说。

肯博士摆摆手，示意他和阿布不要着急。果然，两分钟后，被“吓跑”的泉水又“探头探脑”地钻了出来。这下，小鲁又眉开眼笑了，他和阿布小心翼翼地蹲在泉水边，向下张望，生怕它再受到惊吓。

“没想到，还真有会害羞的泉水啊。”小鲁不敢置信地说。

这时，肯博士揭开了谜底，“什么害羞啊，我已经弄明白了，这是毛细现象引起的。泉水下的地层里有许多缝隙构成的毛细管，当人们将小石子丢进泉水里，产生了声音振动，泉水因为振动的压力，缩到了毛细管内；等到振动停止了，压力也就消失了，这时泉水就会沿着毛细管上升，所以，泉水就重新出现了。”

可惜，这番话小鲁和阿布听得似懂非懂。这也难怪，因为他们还不知道什么是毛细现象呢。

毛细现象是什么呢？某个物体里有很微小的缝隙，当这些缝隙接触到液体（比如水）的时候，如果这个物体被液体润湿了，那么液体就会沿着物体内部的缝隙上升或是渗入；如果在没有润湿的情况下，液体就会沿着缝隙下降。缝隙越细，液体“爬”得就越高。

这回，阿布总算听懂了，他回忆起了一件事：“纸巾和水接触的时候，水会被自动吸到纸巾上，这就是毛细现象吧？”

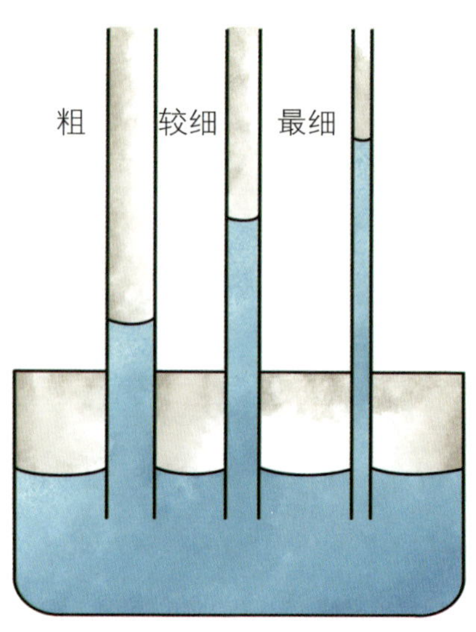

浸润液体在毛细管里上升

肯博士点点头："正确，纸巾内部的纤维就可以看作很多毛细管，它就是通过毛细作用把水吸到纸巾上的。"

毛细现象是一种很奇特的物理现象，举个例子，喝饮料的时候，我们常习惯将吸管插在饮料杯里，虽然你还没有开始用嘴巴吸饮料，但已经有少许饮料钻进吸管里了。这就是毛细现象的体现。

"可是，我还有点儿不明白，为什么毛细管能把水自动吸上来呢？"看来，小鲁也认真思考了一番。

针对这个问题，肯博士是这样解答的，"你们还记得液体表面有张力吧？液体进入毛细管内，会附在管壁上，管壁上的液体也是有表面张力的。

在表面张力的作用下，会产生一个向上的拉力，于是，下面的液体受到拉力的作用，便克服重力被吸上去了。”

原来是这么回事，小鲁和阿布你一言我一语地说起了自己见过的毛细现象。原来抹布和海绵会吸水都是因为毛细作用。小鲁还想起了花园里的植物，植物能依靠土壤中的水分生存，正是利用到脉络的毛细作用把水从土中吸上来，再通过不同位置的脉络毛细作用把水传输到各个位置。阿布则想到了爷爷练字时使用的毛笔，用笔尖轻轻蘸一下墨水，墨水就可以被吸到整个毛笔头上，这也正是因为毛笔的毛之间缝隙很小，发生了毛细现象。

想不到吧，小小的毛细现象对人类竟然有大大的作用。肯博士也在思考着什么，不知道他会利用毛细现象来做些什么呢？

毛细现象可以帮我们解决不少生活难题，比如你和爸爸妈妈要出远门，可是家里的花需要浇水，这时就可以在花盆旁边放一盆水，在盆沿搭上一条毛巾，一端放在盆内水中，另一端放在花盆里。这样盆内的水就会通过毛巾慢慢被“毛细”到花盆中了。

思考

纸巾上的水为什么能自己沿着纸巾往上爬？

小实验

墨水爬高实验

试一试，水在不同的纸上爬得一样高吗？

安全提示： 此实验需有家长陪同进行；使用剪刀时注意安全，避免划到手

实验准备： 普通白纸、纸巾各 1 张，剪刀，钢笔墨水，纸杯 2 个

实验过程：

1. 将不同的纸分别剪成长度、宽度都相同的纸条备用；

2. 纸杯中都装上水，再滴入墨水；

3. 两张纸条分别插进纸杯中，使纸条刚好接触到纸杯底部；

4. 你会发现墨水会沿着纸条往上爬，并且不同种类的纸条，墨水上爬的高度不一样。

物理原理——表面张力： 墨水能沿着纸条上爬是因为纸条内部可看作有很多毛细管，发生了毛细作用把墨水吸了上来。而对于不同种类的纸条，墨水向上爬的高度不一样，是因为不同的纸条纸张纤维的密度不同，纸张纤维越密，相当于毛细管越细，毛细作用越强，就能把水吸得更高。

- 毛细现象：当含有细微缝隙的物体与液体接触时，在浸润情况下液体沿缝隙上升或渗入，在不浸润情况下液体沿缝隙下降的现象。
- 毛细现象有时有利，有时有害。土壤里有很多毛细管，地下的水分经常沿着这些毛细管上升到地面上来，有利于农作物生长。建筑房屋的时候，在砸实的地基中毛细管又多又细，它们会把土壤中的水分引上来，使得室内潮湿。

抱在一起的乒乓球

气体压强与
流速的关系

肯博士很久没有为小鲁和阿布表演魔术了，今天他心血来潮，表演了一个“魔力小球”的魔术。

肯博士把他的实验台当作了舞台，道具是两个乒乓球和一根吸管。

“表演开始了，请大家注意看。”肯博士边说边把两个乒乓球放在了一起，中间相隔大约3厘米，然后用吸管在乒乓球中间吹气，奇怪的事情发生了，乒乓球不但没有被吹开，反而相互靠近了。

小鲁和阿布好奇地凑了过来，他们以为肯博士在里面偷偷装上了磁铁。

“这可不是磁铁，”肯博士故作神秘地眨眨眼睛，“这是气体压强与流速的作用。因为气体在流速大的地方压强小，在流速小的地方压强大。”

瑞士物理学家丹尼尔·伯努利发现：流体速度加快时，物体与流体接触的界面上的压力会减小，反之压力会增加。这一发现被后人称为“伯努利效应”。

在刚刚的实验中，肯博士用吸管向两个乒乓球中间吹气，这时乒乓球外面两侧的空气压力不变，而乒乓球中间的气流加快，空气压力变小，乒乓球外侧的空气会向中间挤压，所以两个乒乓球就贴在一起了。

不过，肯博士可不是随便选了个实验来做，他教小鲁和阿布学习流体压强与流速的关系，是为让他们帮自己制造一架飞机模型。

肯博士抱来了一堆材料，还有图纸。他展开图纸向小鲁和阿布解释："你们都见过飞机吧？飞机机翼的形状上凸下平，在飞行过程中，迎面吹来的风被机翼分成两部分，由于机翼上下形状不对称，所以在相同的时间里，机翼上下方气流通过的路程不同，也就是气流的流速不同。机翼上方的气流速度大，气体压强小；机翼下方的气流速度小，气体压强大，这么一来，上下表面就产生了压强差，形成了向上的升力。"

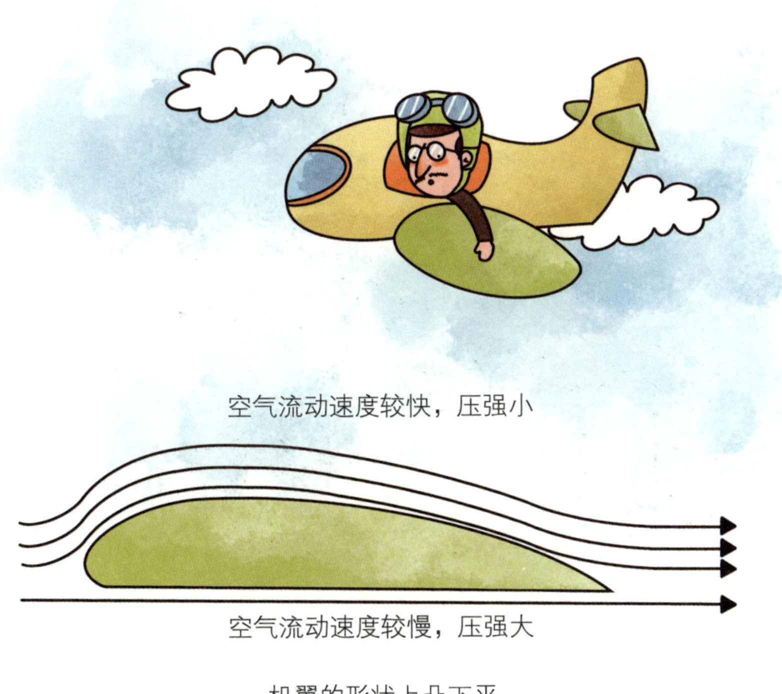

机翼的形状上凸下平

飞机和鸟儿很像，因为它就是人们根据鸟儿飞翔的原理制造出来的。鸟儿的翅膀形状也是上凸下平，翅膀在扇动时上下表面空气流速不同，上下表面产生一定的空气压强差，鸟儿在向上的空气压力作用下就能自由地翱翔了。

有肯博士在，飞机模型很快就造好了。小鲁和阿布开心极了，吵着要到外面去试飞。于是，他们来到了操场上，这时一阵风吹过，掀起了他们的头发。阿布突然受到了启发，问道："我听过一首古诗，其中有一句是'八月秋高风怒号，卷我屋上三重茅'，说的是大风掀起了茅屋的屋顶，这是不是也和气体流速与压强有关呀？"

肯博士拍手称赞，看来阿布已经学会举一反三了。大风掀起了茅屋的屋顶正是一种物理现象。风刮过茅屋时，屋顶上方的空气流速大，压强小，屋顶下方空气流速小，压强大，屋顶受到向上的压强大于向下的压强，产生了一个压强差，所以，屋顶就被掀起来了。

还有很多类似的现象，只要细心回忆，你一定会有发现的。

生活中有很多现象都是气体压强和流速关系造成的，比如，火车和地铁附近都会有不小于 60 厘米宽的安全线，因为火车快速行驶时，会带动它周围的空气，使它周围的空气流速变大，压强变小，附近的人就很容易被外面的空气压向火车和地铁发生危险。

思考

飞机为什么能在空中飞翔？你能举出一些气体流速与压强关系的例子吗？

被吸住的小球

按照下面的步骤试一试，猜猜看，结果会怎样？

安全提示：此实验需有家长陪同进行；对着漏斗吹气时注意安全，避免划伤嘴唇

实验准备： 漏斗，乒乓球

实验过程：

1. 在倒置的漏斗内放一个乒乓球；

2. 用手指托住乒乓球，然后从漏斗口向下用力吹气；

3. 吹气的过程中将手指慢慢移开，观察会发生什么现象；

4. 乒乓球被吸在了漏斗内。

物理原理——气体压强： 这是因为，乒乓球上方气流速度大，压强小，下方气流速度小，压强大，于是乒乓球下方产生了向上的压力，将乒乓球托住了。

- 气体和液体都可以流动，都是流体。
- 气体在流速大的地方压强小，在流速小的地方压强大。
- 瑞士物理学家丹尼尔·伯努利发现：流体速度加快时，物体与流体接触的界面上的压力会减小，反之压力会增加。这一发现被后人称为“伯努利效应”。

看不见的能量

物理概念

动能和势能

肯博士的实验室里来了一位新“助手”，小鲁和阿布一听到这个消息飞奔过去看热闹。没想到，这位助手竟然是个小小的机器人，肯博士给它起了个名字，叫布马1号。

看起来，肯博士和它相处得非常融洽，他们正在一起玩弹力球游戏。又偷懒，小鲁和阿布不屑地摇了摇头。

可是肯博士却坚持说自己是在做实验。他指着蹦跳的弹力球说道：“你们难道没发现吗？这可是能量啊。”

什么能量？小鲁和阿布都被搞糊涂了。肯博士指着弹力球，问道：“这个弹力球在跳动，如果把它丢在地上，它还会滚动，对吧？要做到这些都需要能量。”

能量就在我们周围，虽然看不到它，但是它却能对我们身边的物体发挥各种作用。从走路、说话，到飞机飞行、火箭上天，都需要能量。弹力球掉到地上后能高高弹起也是因为能量。

能量有不同的形式，其中与力和运动有关的能量被称为动能和势能。物体由于运动而具有的能量称为动能。势能分为两种：物体由于举高而具有的势能称为重力势能；物体由于弹性形变而具有的势能称为弹性势能。

为了证明自己没有说谎，肯博士为小鲁和阿布展示了一场精彩的实验，小机器人布马 1 号收到命令，变成了一辆模型大小的小汽车。肯博士让它从斜坡冲下去，撞向一个纸箱。“咚”的一声，纸箱被撞出很远。

“再来一次。”肯博士让小汽车从斜坡的一半高度再次冲下去，这一次，纸箱被撞出的距离近了很多。

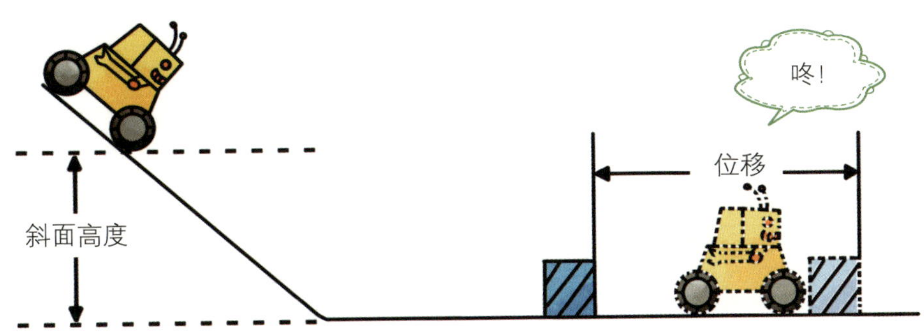

图 1

图 2

肯博士指着纸箱说道：“你们发现了吗？这就是动能的特点，动能的大小和速度有关，就像刚才那样，小汽车从高处冲下去，高度越高，它冲到斜坡底部时速度越快，动能就越大，所以纸箱也就被撞得越远。”

同时，动能还和物体质量有关，图 1 中如果换一辆更大更重的汽车从斜坡上冲下去，会把纸箱撞得更远。

这个实验真有意思，小鲁和阿布总算相信肯博士不是在偷懒了。他们也想和布马 1 号一起做实验。肯博士很大方地满足了他们的要求。

“让我们来一次‘跳水比赛’，怎么样？”肯博士把大家带到了学校的沙坑前，他在沙坑里摆了一张长凳，又让大家都站了上去。

“听我口令，一、二、三，跳！”肯博士喊道，大家一起跳进了沙坑里，连布马 1 号也不例外。

肯博士看了看大家的脚下，一本正经地宣布道：“公布结果，这次比赛的冠军就是我——肯博士。”

“凭什么？”小鲁马上提出了抗议。肯博士指着自己脚下的沙子说道：“这个结果绝对公平，你看，我们从相同的高度跳下，我的脚陷进沙子里最深，这就说明，我具有的势能最大。”

高度相同时，物体质量越大，具有的势能越大。

布马 1 号最轻，它陷进沙子里最浅。它好像也很不服气，跳上跳下了很多次，大家发现，它从肯博士的头顶跳入沙坑，比从长凳上跳下时，陷入沙子里更深。这又说明什么呢？没错，质量相同的情况下，高处的物体比低处的物体具有更多的势能。

能证明自己也可以具有很大的势能，布马 1 号终于满意地爬出了沙坑。大家都累了，该回去休息了。肯博士答应他们，下一次带他们去见识弹性势能的威力。射箭就是个好例子，弓弦拉得越大，形变得越厉害，弹性势能就越大，箭射出去的距离就越远。

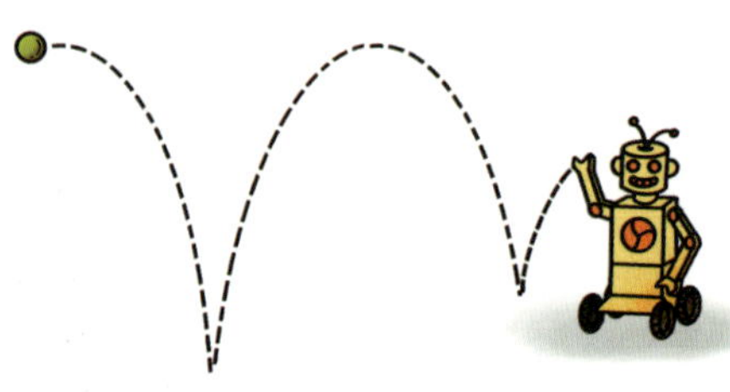

阿布向肯博士和小鲁道了别，回到了家中，他突然想起了一件事：肯博士不是说弹力球同时具有动能和势能吗？这两种能量藏在哪里了？看来，只有明天再去向肯博士请教了。

如果玩过弹力球，你会发现，它从高处下落后还会跳起来，这就是从弹性势能转化为了动能。

思考

什么是动能？什么是势能？皮球从斜坡上滚下去是动能还是势能的作用？

小实验

奔跑的滚筒

来做个会自己奔跑的滚筒，见识一下势能的魔力吧。

安全提示： 此实验需有家长陪同进行；使用尖锐工具时注意安全，避免扎伤

实验准备： 口香糖包装桶，橡皮筋，牙签，棉线，螺母

实验过程：

1. 用棉线将两个螺母拴在一起，并用棉线将皮筋系在螺母上；

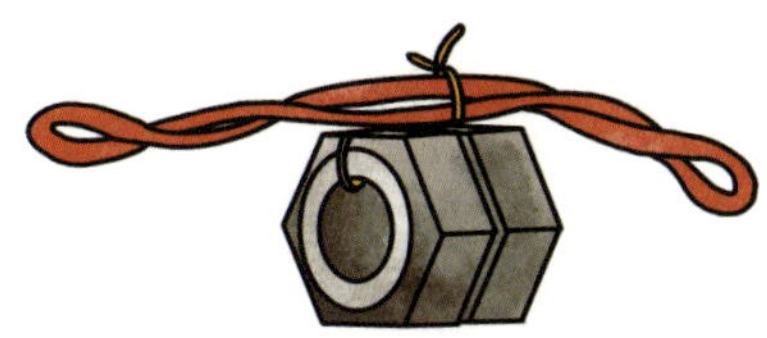

2. 在口香糖包装桶桶盖和桶底的中心分别打一个圆孔，两个圆孔要在同一直线上；

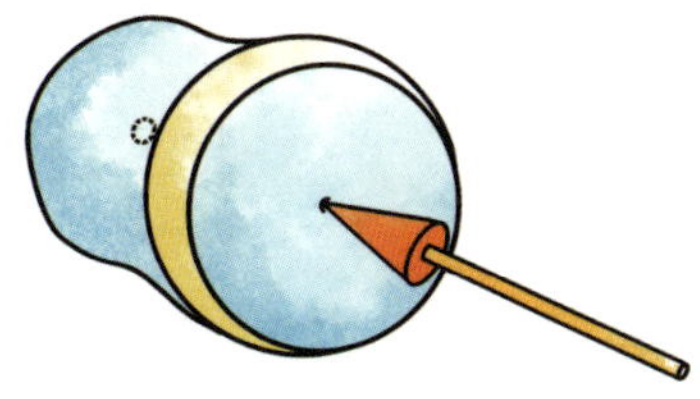

3. 将皮筋两端分别穿过两个圆孔，并用牙签固定；

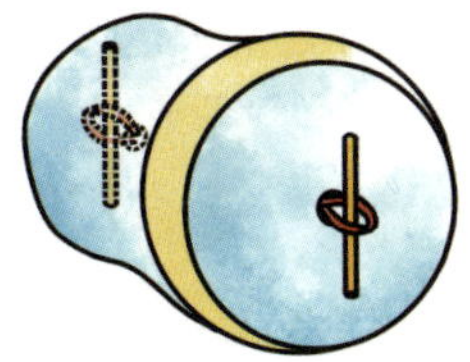

4. 调整一下位置，确保螺母在桶内中间位置；

5. 把做好的滚筒放在桌上，向前慢慢推动一段距离，然后松手；

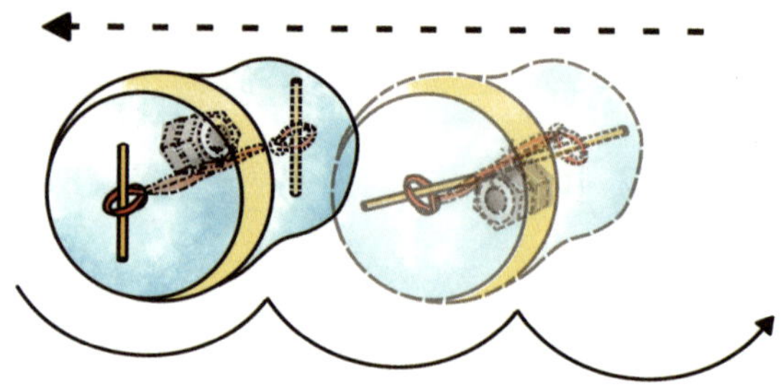

6. 你会发现，滚筒会自己退回来。

物理原理——动能和势能的转化：滚筒向前滚动时，动能转化为橡皮筋的弹性势能；松手后，弹性势能又转化为动能，所以滚筒又自己退回来了。

- 物体由于运动而具有的能量称为动能。
- 运动物体的质量越大，速度越快，动能就越大。
- 势能分为两种：物体由于举高而具有的势能称为重力势能；物体由于弹性形变而具有的势能称为弹性势能。
- 高度相同时，物体质量越大，具有的重力势能越大。质量相同的情况下，高处的物体比低处的物体具有更大的重力势能。
- 同一弹性物体在一定范围内形变越大，具有的弹性势能就越大，反之，则越小。

能量大变身

物理概念

能量转化

今天英语课的内容是欣赏经典动画，老师特意带来了《疯狂原始人》，小鲁和阿布早就想看这部卡通片了。谁知才开始放映没多久，学校就停电了，大概是布马小镇的电力系统出了故障。

看电视需要电能转化成光能和声能。

太可惜了，偏偏这个时候停电，小鲁和阿布又惋惜又无可奈何。下课后，他们跑到了肯博士的实验室，和他说起了这件事。

“肯博士，你那么聪明，能不能发明一台不用电的电视机呀？”小鲁幻想起来，这样就不用担心停电时看不到节目了。

“这可办不到，”肯博士为难地说，“只有电能转化为光能和声能，电视机才能为我们放映节目。”

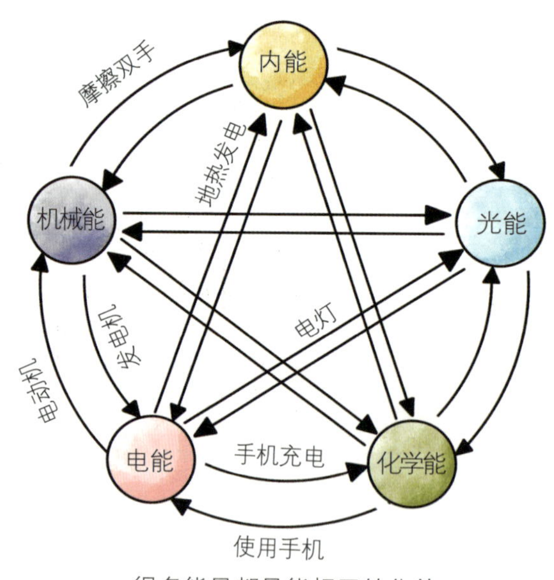

很多能量都是能相互转化的

这是什么意思？小鲁和阿布又听不懂了。其实，肯博士正在向他们讲解能量转化的原理。

我们已经知道了，能量有很多种形式，比如动能和势能，除此之外，还有光能、热能、电能等，这些能量可以转化成不同形式，比如植物吸收太阳光进行光合作用就是将光能转化为化学能；还有灯泡通电后会亮，是因为它将电能转化为光能和热能。

肯博士告诉他们："别看'能量转化'这个词听起来有些陌生，实际上，你们每天都会经历能量转化的过程呢。"

比如，每天早上，闹钟响起（电能→声能），小鲁打开电灯（电能→光能），打开水龙头用热水洗脸（电能→热能），吃过早饭后出门（化学能→动能），乘坐汽车去学校（化学能→动能）……

大自然中也有很多能量转化的例子，比如萤火虫发光，就是将化学能转化为光能；太阳照射过的路面会发烫，就是光能转化为内能。

他们正聊着天，来电了，看来维修工人紧急抢修了电路。既然没能看成《疯狂原始人》，肯博士决定用时空穿梭机带着小鲁和阿布去看真正的原始人。

很早以前，人类就察觉到能量可以从一种形式转化成另一种形式。肯博士带着小鲁和阿布来到了原始社会，在这里，人们会利用火来照明（化学能→光能），还会利用火来驱走寒冷（化学能→内能）。

不仅如此，他们还穿越到了侏罗纪，见到了真正的恐龙。这些巨大的史前生物已经在几千万年前灭绝了，不过它们的骨骼深埋在地下，其中一部分变成了化石燃料。我们的生活中经常会利用这些燃料发电、供暖，这些能源转化成了各种有用的形式。

你是不是很羡慕小鲁和阿布？其实不用去远古世纪，在日常生活中也可以看到能量之间的转化。回忆一下，寒冷的冬季，人在户外冻得哆

哆嗦嗦，可一旦跑跑跳跳，身上就会暖和起来，这是因为身体通过运动将动能转化为了内能。还有小朋友喜欢玩的风车，只要有风吹动就会转个不停，这是将风能转化为了机械能。

在现代，人们还学会了利用太阳能，最常见的就是太阳能发电——将太阳内部或者表面黑子连续不断地发生核聚变反应产生的能量，转化为电能，这种能量取之不尽，而且不受地域限制，是目前最理想的清洁能源了。

风能也是一种可再生能源，风力发电机的工作原理就是利用风能转化为电能。

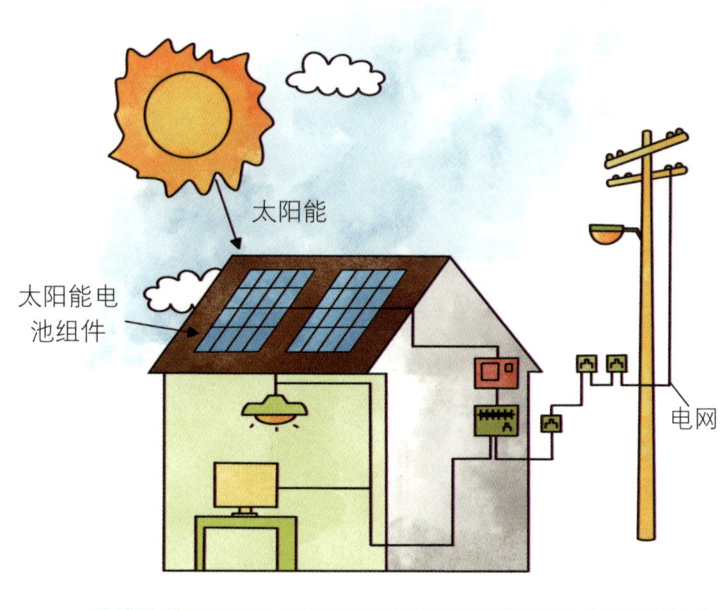

什么是能量转化？电视机将电能转化为了哪两种能量？

四两拨千斤

10 个螺母和 1 根细绳，就能让你见到能量之间是如何转化的，快来试一试吧。

安全提示： 此实验需有家长陪同进行；细绳不宜过细，以免勒伤；抡起细绳时注意远离脸部，以免碰伤

实验准备： 细绳，螺母 10 个

实验过程：

1. 在细绳的一端系上 2 个螺母；

2. 在细绳的另一端系上 8 个螺母；

3. 伸出一根手指，细绳挂在手指上，8 个螺母那端垂直在手指下方；

4. 另一只手拉紧另一端螺母，然后迅速松手。

物理原理——能量转化： 松手的时候，另一端的 8 个螺母由于重力关系迅速下降，势能转化为动能，使得 2 个螺母那端快速缠绕在手指上。

- 能量有能够使物体“工作”或运动的本领。我们虽然看不见它，却能感觉到它。任何东西只要有移动、发热、冷却、生长、变化、发光或发声的现象，其中就有能量在起作用。
- 能量转化是指各种能量之间在一定条件下相互转化的过程。
- 能量有很多种形式，它们可以转化为不同的形式，比如光能可以转化为内能，电能可以转化为内能，化学能可以转化为动能，等等。

谁做的功多

物理概念

功

小鲁总是那么乐于助人，他看见小米抱着一摞厚厚的作业本去老师的办公室，便主动帮她拿了一部分。

他们爬上高高的楼梯，正遇到肯博士。看到他们，肯博士说了一句让人莫名其妙的话：“哈哈，你们在做功嘛。”

这是什么意思呀？从老师的办公室出来，小鲁还在琢磨这句话，最后还是按捺不住好奇心，他和阿布来到了肯博士的实验室。

实验室里，小机器人布马 1 号正用绳子拉着一个沉重的箱子慢慢向前走着，小鲁和阿布急忙跑去帮忙，肯博士却拦住了他们，“别动，我正在做实验呢。”

“做什么实验？”小鲁和阿布问。

“当然是做功了。”肯博士回答。做功？这不就是他早上对小鲁和小米说的话吗？

肯博士指着布马 1 号说道："你们看，布马 1 号正拉着绳子经过地板，它拉绳子的力就是一个外力，现在它已经拉着这个箱子走了 3 米远。像这样，一个力持续作用在物体上，且物体沿力的方向经过了一段距离，我们就可以说，这个力对物体做了功。"

做功和做工作可不是一回事，它和"力"以及"物体的运动"有关。做功有两个不可缺少的因素：一是作用在物体上的力，二是物体在力的方向上移动一段距离。

做功的量该如何计算呢？看看布马 1 号吧，它把箱子从原来的位置拉出了 3 米的距离。假如这个箱子受到的拉力为 5 牛顿（牛顿是衡量力大小的单位，符号为 N），那么它的做功的量就是 5 N × 3 m = 15 J。所以，力与物体在力的方向上移动的距离的乘积就是力对物体做的功了。

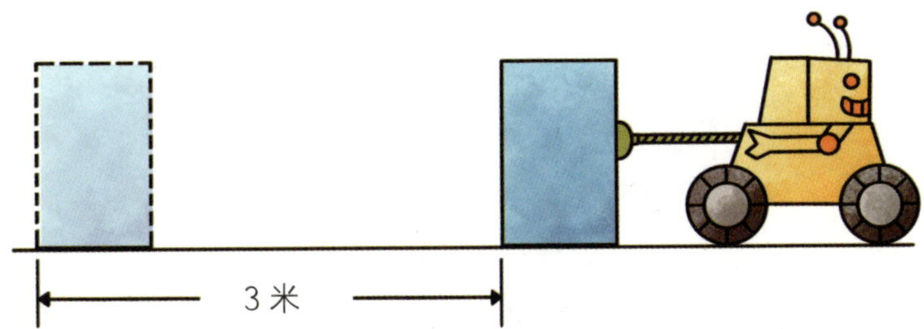

"布马 1 号真了不起！"小鲁称赞道，他又想起了今天早上的事，"我今天早上做的功也可以用这个方法计算吗？"

肯博士点点头，拿粉笔在黑板上演算起来。小鲁抱着 2 牛顿重的作业本，爬上了高为 6 米的楼梯，那么他做的功就是 2 N × 6 m = 12 J。

在国际单位中，功的单位是焦耳，符号为 J。

阿布有个想法，“做功一定要这么辛苦吗？就拿这个箱子来说，如果用小推车推着它，让它向前自己滑行，是不是也算做功呢？”

这个想法很有意思，不过，它是错的。按照阿布的想法，力只是在推小推车的那段时间内做了功，在那之后，小推车只是由于惯性才继续滑行，也就是说，在小推车滑行的那段时间内，力并没有做功。

这么严格！小鲁听了，从地上吃力地抱起箱子，问道：“我这样亲自动手抱着箱子，应该是在做功了吧？”

可惜，他也错了，因为抱着箱子站在原地，虽然觉得很累，可箱子并没有移动，所以还是没有做功。

看来今天做功最多的还是小机器人布马 1 号，难怪它站在那里，一脸的自豪。你今天做了多少功呢？快用肯博士教授的方法去计算一下吧。

思考

做功和做工作一样吗？做功有哪两个重要的因素？

小实验

跳起来的瓶盖

和爸爸妈妈一起动手做实验，想一想，为什么瓶盖会跳起来？

安全提示： 此实验需有家长陪同进行，实验中瓶口请勿对着脸部或其他人

实验准备： 矿泉水瓶 1 个

实验过程：

1. 拧紧矿泉水瓶盖；

2. 用力拧瓶子，将瓶子拧成麻花状；

3. 迅速拧松瓶盖；

4. 你会听到“砰”的一声响，瓶盖被瓶内的高压气体冲了出去，瓶内还会有白雾出现。

物理原理——做功改变内能： 功可以改变物体的内能，对物体做功，物体内能会增大。

物体内能与温度有关，内能的变化可以通过温度的变化反映出来。物体内能突然减小，温度降低，可能使周围空气中的水蒸气液化，出现“白气”。

- 一个力持续作用在物体上，且物体沿力的方向移动了一段距离，我们就可以说，这个力对物体做了功。
- 做功有两个不可缺少的因素：一是作用在物体上的力，二是物体在力的方向上移动了一段距离。
- 在国际单位中，功的单位是焦耳，符号为 J。
- 物体受外力作用，但静止不动，就像一个人提着一桶水站着不动，这种情况下尽管费力，但没有做功。

不可能存在的永动机

物理概念

永动机

小鲁和阿布在校园里遇到了一个奇怪的人，他开口就询问肯博士的地址。没想到这个人竟然就是大名鼎鼎的达·芬奇。

“我是来和肯博士探讨物理问题的，没想到他的时空穿梭机把我送错了地方。”达·芬奇向小鲁和阿布诉起苦来。小鲁和阿布赶忙领着他来到了肯博士的实验室。

达·芬奇带来了两个造型奇特的机械，其中一个像个轮子，轮子中央有一个转动轴，轮子边缘安装着 12 个可活动的短杆，每个短杆的一端都装有一个铁球。

达·芬奇指着它介绍道：“这就是著名的永动机的设计方案，方案的设计者认为，右边的球比左边的球离轴远些，因此，右边的球产生的转动力矩要比左边的球产生的转动力矩大。这样轮子就会永无休止地转动下去，并且带动机器转动。”

力矩就是对物体产生转动作用的物理量。设计者想利用小球距离产生的转动力矩的差来使机械永不停止地转动下去。

小鲁听了忍不住上前试了试，可结果跟想象的并不一样，这个轮子只是转动了几下，就停下来了。肯博士看了看它，说道：“这个永动机设计得不够科学，虽然轮子右边每个球产生的力矩大，但是球的个数少，左边每个球产生的力矩虽小，但是球的个数多。所以，轮子不会持续对外做功，只是摆动几下就停了。”

达·芬奇激动地点点头，这正是他来这里的目的。他又拿起了另一个机器，说道："肯博士说得没错，所以，我在法国人设计的基础上又做了一些改进。"

达·芬奇设计的永动机是什么样子的呢？他认为一边的重球比另一边的重球离轮心更远些，在两边不均衡的作用下会使轮子永不停歇地转动。可是这个方案也失败了。

在达·芬奇之后，还有很多科学家尝试制造过永动机，比如意大利的一位机械师曾尝试利用水的浮力制造永动机；还有科学家提出过利用惯性制造永动机，可惜，这些方案都没能成功。

看着达·芬奇沮丧的样子，小鲁和阿布都很同情他。阿布向肯博士问道："真的没有办法制造出永动机吗？"

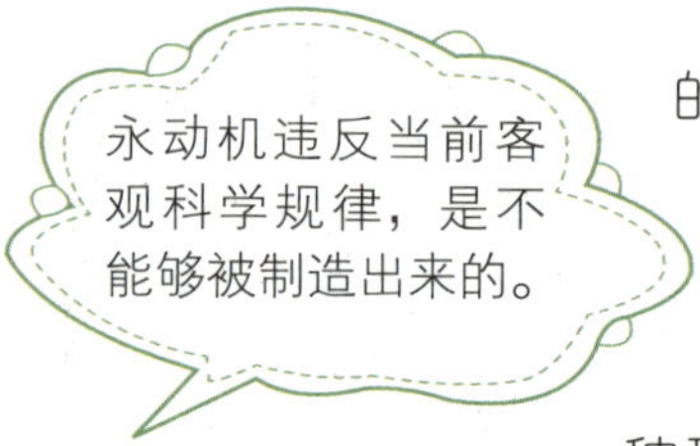

永动机违反当前客观科学规律，是不能够被制造出来的。

肯博士回答："人们设想的永动机不消耗能量就可以对外做功，但物体的运动离不开能量，能量可以从一种形式转化为另一种形式，无论是什么样的机械都需要消耗能量，就像汽车行驶需要化学能转化为机械能；风车转动需要风能转化为机械能。不消耗能量的机械无法做功，更不可能永远运动，所以，永动机只是人们的幻想罢了。"

爱因斯坦曾惊叹古代中国的“永动鸟”玩具为“永动机”，实际上，这只小鸟的身体是玻璃制作的，里面密封着乙醚。当鸟头部的乙醚遇到冷水后，能吸收周围空气中的热量，乙醚在气体和液体之间互相转换，从而导致整个玻璃管的重心不稳定，再通过杠杆原理，就可以不停地“喝水”。

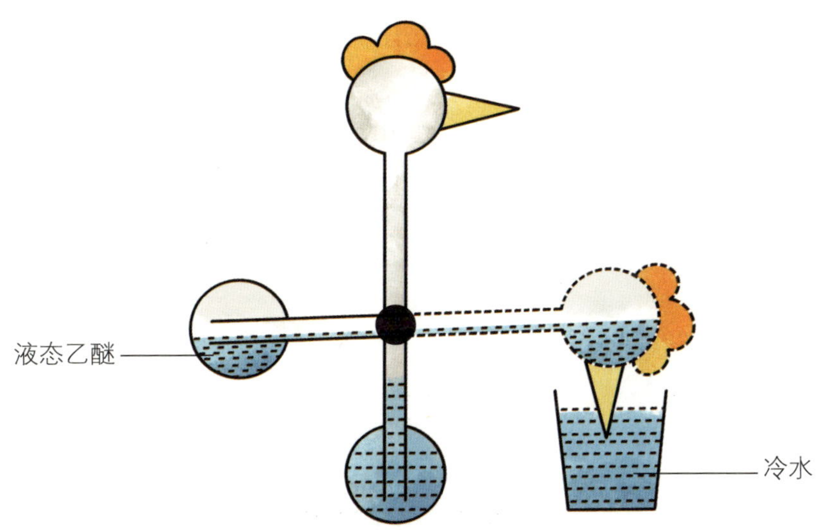

虽然关于“永动机”的猜想是错误的，但是正因为不同时代的科学家敢于提出各种各样的想法，人类才拥有了今天的科学成就。想到这些，达·芬奇的心情好多了，他向大家道别，回到自己的时代去了。

其实，直到今天，人们仍然没有放弃对永动机的研究，比如现代科学家提出的“第四类永动机”，希望能在不违反能量守恒转化定律的条件下，制造出永动机。目前，物理界对这项研究还有争议，不过，大家还是对它充满了期待。

永动机存在吗？为什么？

电池钻山洞

虽然永动机并不存在，但是我们可以利用磁力来做个不停旋转的小游戏。

安全提示： 此实验需有家长陪同进行，磁铁和电池请勿长时间接触

实验准备： 铜线圈，电池，纽扣磁铁

实验过程：

1. 将纽扣磁铁分别吸在电池正负极上；

2. 将电池放进铜线圈内，并将铜线圈两头连接在一起；

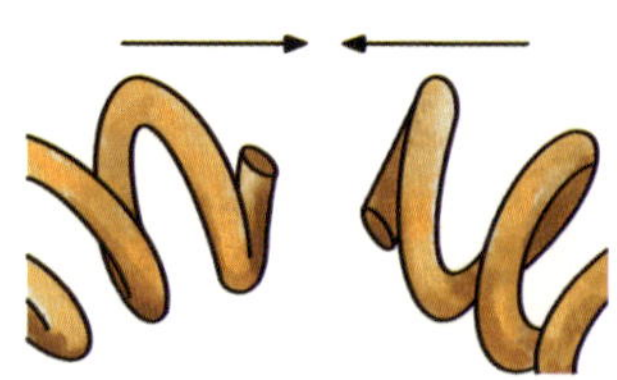

3. 你会发现，电池在铜线圈内不停地转圈，就像小火车穿山洞一样。

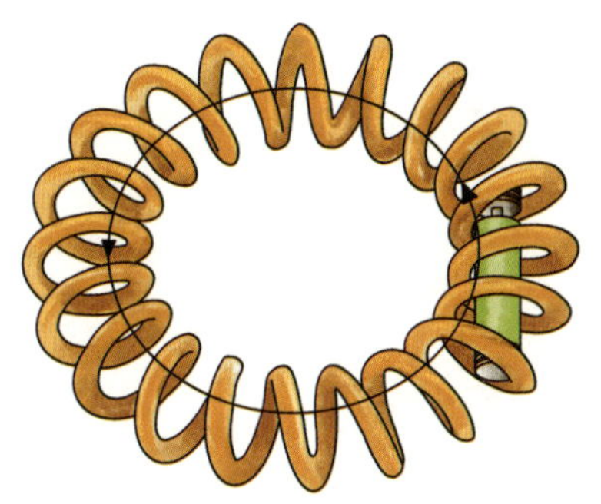

物理原理——磁场振动磁铁运动： 电池、磁铁和铜线圈形成了一个回路，产生了电流，通电后铜线圈形成了磁场，推动电池两头的磁铁，于是，电池就在铜线圈内穿梭起来了。

- 永动机是想象中的一种机械，它可以永远不停地做运动。
- 不消耗能量而能永远对外做功的机器，它违反了能量守恒定律，被称为“第一类永动机”；在没有温度差的情况下，从自然界中的海水或空气中不断吸取热量而使之连续地转变为机械能的机器，它违反了热力学第二定律，故被称为“第二类永动机”。
- 历史上最著名的第一类永动机是法国人亨内考在13世纪提出的“魔轮”，后来达·芬奇也设计了一个类似原理的装置，实验失败后得出结论：永动机是不可能实现的。

撬起地球的大力士

物理概念

杠 杆

上课时，老师讲到，古希腊科学家阿基米德曾有句名言：给我一个支点，我可以撬动地球。

这句话激起了小鲁的好奇心，“阿基米德真的能把地球撬起来吗？”

肯博士似乎知道答案，只是，他卖了个关子：“你们想知道答案吗？来帮我做个实验吧。”他递给小鲁和阿布每人一把园艺剪刀，要他们把实验室旁边的灌木修剪一番。这算什么实验？小鲁和阿布生气地瞪着他，一动不动。

“哎哟，这真的是个实验，可以帮助你们了解杠杆的原理。”肯博士边说边拿起了一把园艺剪刀，问道：“你们能从这把剪刀上看到什么？”

能看到什么？当然是剪刀的刀刃和把手了。可肯博士却说：“从剪刀上，我们可以看到杠杆的五要素——支点、动力、阻力、动力臂、阻力臂，所以说，我给你们的园艺剪刀，实际上是一个杠杆。”

一根在力的作用下可绕固定点转动的硬棒叫作杠杆，它是一种简单的机械。从动力到支点的距离叫作动力臂，从阻力到支点的距离叫作阻力臂。

杠杆一般可以分为省力杠杆、费力杠杆和等臂杠杆。省力杠杆的特点是动力臂比较长，所以比较省力。比如肯博士交给小鲁和阿布的园艺剪刀，它的动力臂大于阻力臂，所以，它是一个省力杠杆。

小鲁和阿布试了试园艺剪刀，果然很轻松就剪下了灌木上多余的枝叶，省力杠杆真是个好帮手啊。

这时，阿布又想起了费力杠杆，问道："肯博士，省力杠杆可以省力，那费力杠杆会费力吗？"

省力杠杆

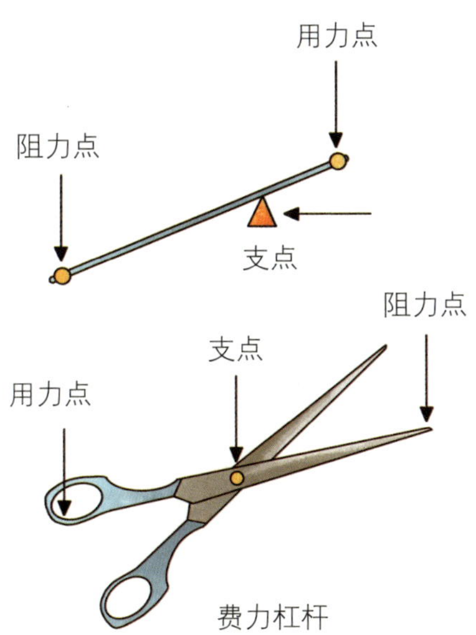

费力杠杆

肯博士赶紧摇摇头，“费力杠杆并不是真的费力，如果那样，谁还会使用它呢？”费力杠杆的特点和省力杠杆正好相反，它的动力臂比阻力臂短，但它有一个省力杠杆没有的优势，就是可以节省距离。肯博士说着，又拿出了一把理发用的剪刀，别看同样是剪刀，它却是一个费力杠杆。用剪发的剪刀剪发时，只需两根手指张开一小段距离，剪刀头就能张开闭合，虽然“费力”了，但省了很多距离，用起来更方便。

小鲁和阿布回忆了一下，自己刚刚使用园艺剪刀修剪的时候，每次都需要用两只手把剪刀把拉开得很大，看来省力杠杆虽然省力，但确实浪费了距离。

“所以，省力杠杆和费力杠杆各有利弊。”肯博士总结说。

其实，在日常生活中，我们经常可以见到这两类杠杆，比如钳子、开瓶器都是省力杠杆，筷子、镊子还有钓鱼的鱼竿则属于费力杠杆。

肯博士指了指自己的手臂说道："你们肯定猜不到，这里也藏着一个杠杆呢。"我们的上臂实际上也是一个费力杠杆，它的支点就在肘关节上，肌肉（动力）牵动骨（杠杆）绕关节（支点）转动，肱二头肌到肘关节的距离比肱三头肌到肘关节的距离短，所以，动力臂比阻力臂短。这样，当上臂弯曲做屈肘的动作时，便节省了距离。

小鲁和阿布听了，忍不住摸了摸自己的手臂，原来自己天天都见到杠杆，以前还真没发现过呢。

阿布追问："那还有等臂杠杆呢？"

肯博士想了想，转身跑开了，没一会儿，他拖着一个跷跷板回来了。肯博士招呼小鲁和阿布坐上去，体验一下等臂杠杆带来的乐趣。

跷跷板是一个典型的等臂杠杆，这类杠杆比较特殊，它的两端长度相等，也就是动力臂和阻力臂相等，所以这种杠杆既不费力也不省力。

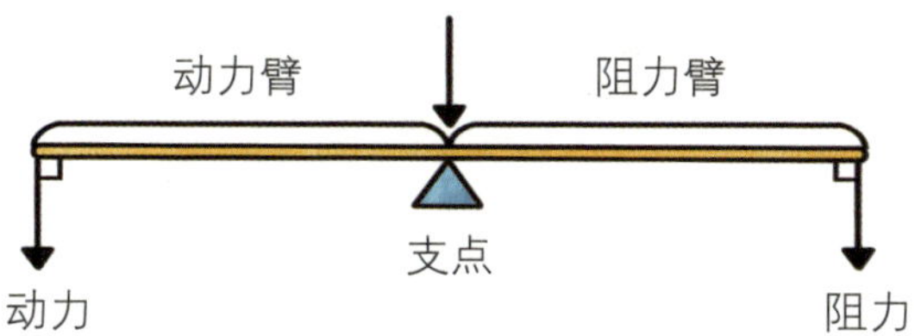

中国古代的科学家墨子和古希腊科学家阿基米德都曾提出过杠杆原理，这个原理也被称为“杠杆平衡条件”，要使杠杆平衡，就必须满足一个条件：动力 × 动力臂 = 阻力 × 阻力臂。

坐在跷跷板上，小鲁和阿布突然明白了他们想知道的问题：阿基米德能否撬起地球，答案就在眼前。

阿基米德想利用杠杆撬动地球，不过，根据杠杆的原理，要实现这个目的可不太容易，因为按照地球的质量计算，能够撬起地球的杠杆至少需要一根长达上万千米的棍子；同时还要地球停止公转自转，保持静止。光有这些还不够，这个巨大的杠杆还需要一个坚固、距离合适的星球作为支点，这颗星球同样也要保持静止。这样看来，阿基米德的话只是一个有趣的幻想罢了。

小朋友，如果你再听到“给我一个支点，我可以撬起地球”这句话，可不要忘记用杠杆原理向大家解释一番呀。

思考

什么是杠杆？什么样的杠杆最省力？

棉花糖投石器

小朋友，你听过阿基米德利用投石器战胜罗马军队的故事吗？按照下面的步骤，你也可以制造出一个玩具投石器。

安全提示： 此实验需有家长陪同进行，实验中请勿将竹签对着脸部

实验准备： 棉花糖，竹签，皮筋，塑料勺，胶带

实验过程：

1. 用 3 颗棉花糖和 2 根竹签搭出三角形底座；

2. 每颗棉花糖上再加 1 根竹签，用棉花糖固定，做成金字塔状的架子；

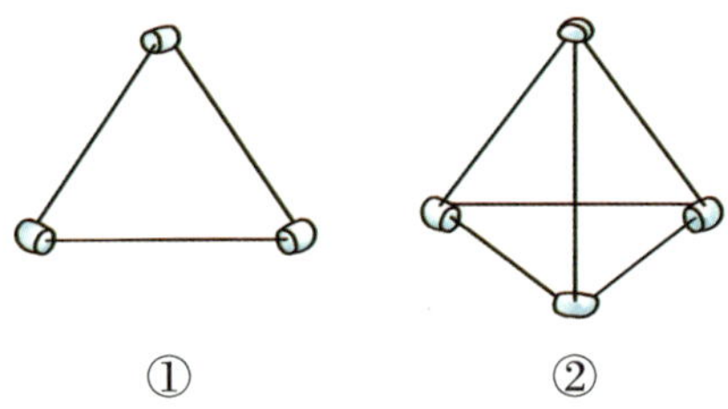

① ②

3. 选择底座其中 1 颗棉花糖，在上面斜插 1 根竹签；

4. 将塑料勺用胶带固定在这根竹签上，并用皮筋将它和架子最顶端的棉花糖套在一起；

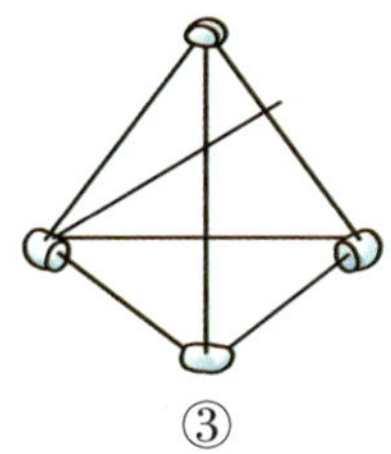

③

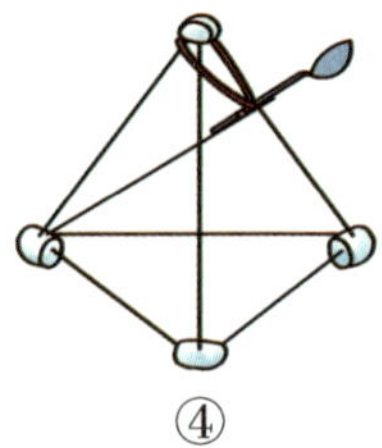

④

5. 现在棉花糖投石器可以进行发射实验了。

物理原理——杠杆原理： 投石器利用的正是杠杆原理。根据杠杆原理：动力 × 动力臂 = 阻力 × 阻力臂，把石头放入右端的容器中，然后松手，石头就被抛出去了，这是因为右端石头的重力与阻力臂的乘积小于左端橡皮筋拉力与动力臂的乘积，杠杆无法保持平衡，所以投石器里的“石头”就被抛出去了。

- 一根在力的作用下可绕固定点转动的硬棒叫作杠杆，它是一种简单机械。
- 杠杆的五要素分别为：支点、动力、阻力、动力臂、阻力臂。
- 杠杆一般可以分为省力杠杆、费力杠杆和等臂杠杆。
- 要使杠杆平衡，就必须满足一个条件：动力 × 动力臂 = 阻力 × 阻力臂，这个原理被称为杠杆平衡条件。

轮轴大集合

物理概念

轮轴

粗心大意的肯博士拧坏了实验室的门把手，这下，他被锁在外面了。好在还有热心的小鲁和阿布陪他一起等待修理工。

“肯博士，你那么聪明，难道不会自己修理门把手吗？”小鲁无聊地打了个哈欠，问道。

肯博士有些不好意思地回答：“就算我是科学家，也不代表所有的轮轴我都会修理呀。”

门把手和轮轴有什么关系？小鲁和阿布都等着肯博士向他们解释，果然，肯博士开始滔滔不绝地讲了起来，“轮轴是一种简单的机械，它由轮和轴两部分组成。门把手就是按照轮轴原理制造的，每一次我们转动门把手，其实就是在运用轮轴。”

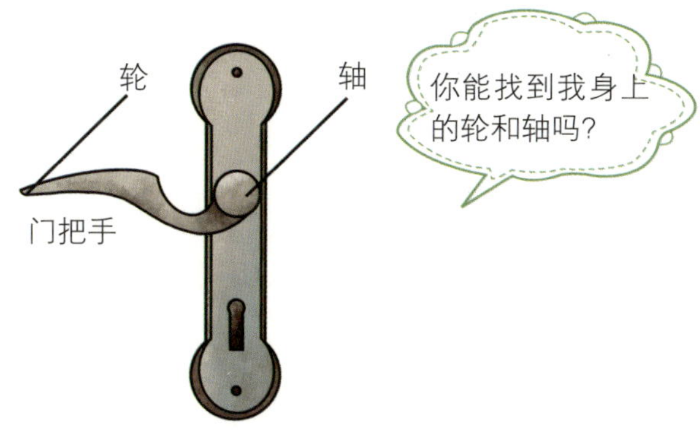

由轮和轴两部分组成，能绕共同轴线旋转的简单机械叫作轮轴。轮轴的实质就是可以连续旋转的杠杆。

闲来无事，肯博士干脆拿起树枝，在地面上画了起来。小鲁和阿布歪着头看了半天也不知道他在画什么，其实，肯博士画的正是他刚刚讲过的轮轴。

“这个轮轴是不是很有意思？”肯博士对自己的杰作非常满意，他指着轮轴说道，“看，它由 2 个圆环组成，外面那个大的圆环叫作轮，里面那个小的圆环叫作轴。所以，大圆的半径就叫作轮半径，用 R 表示；小圆的半径就叫作轴半径，用 r 表示。”

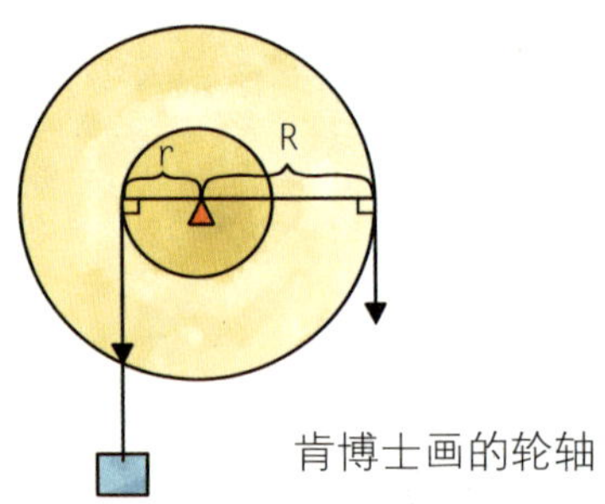

肯博士画的轮轴

当动力作用在轮上，轮轴为省力杠杆；动力作用在轴上则轮轴为费力杠杆。我们在使用门把手的时候，力作用在轮上，所以，它是一个省力杠杆。

轮轴转动时，如果是大轮带动小轮，就是省力的，大轮越大越省力；如果是小轮带动大轮，就是费力的。

其实，在古时候，人们就已经开始应用轮轴来灌溉农田了。趁着维修工人修理门把手的时候，肯博士为小鲁和阿布讲了一个故事。原来，

在古希腊时期，由于农田的位置在比河流更高的地方，所以很难将水源引到田里去，农民们只能拎着木桶走很远的路去提水。科学家阿基米德发现了这个问题，他的脑海中闪出了一个想法：如果做一个大螺旋，把它装进圆筒再放进河里，这样螺旋转起来，水不就可以被带到高处，流进农田里了吗?

几天以后，阿基米德果真做出了一个螺旋水泵，把它放进水里摇动手柄，螺杆一方面绕本身的轴线旋转，另一方面它又沿衬套内表面滚动，于是形成泵的密封腔室。螺杆每转一周，密封腔内的水就会向前推进一个螺距，随着螺杆的连续转动，液体以螺旋形方式从一个密封腔压向另一个密封腔，最后挤出水泵，这样水就从河里被抽到田里了。

原来轮轴这么有来历，小鲁和阿布顿时觉得自己学会了轮轴的原理是一件很了不起的事。现在，他们很想去找一找我们身边有哪些事物运

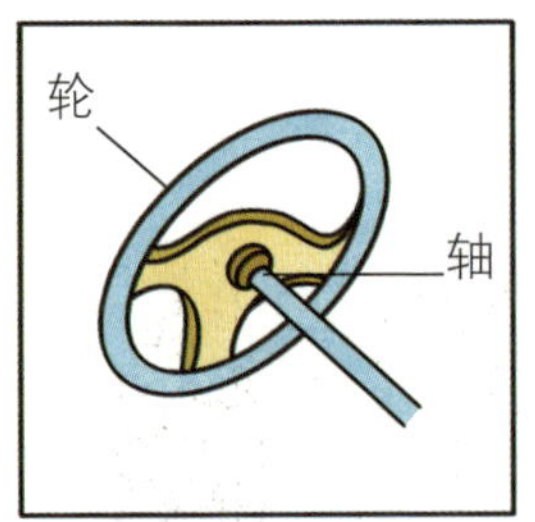

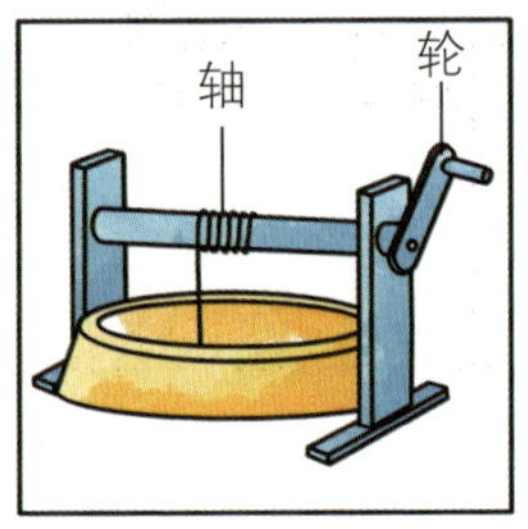

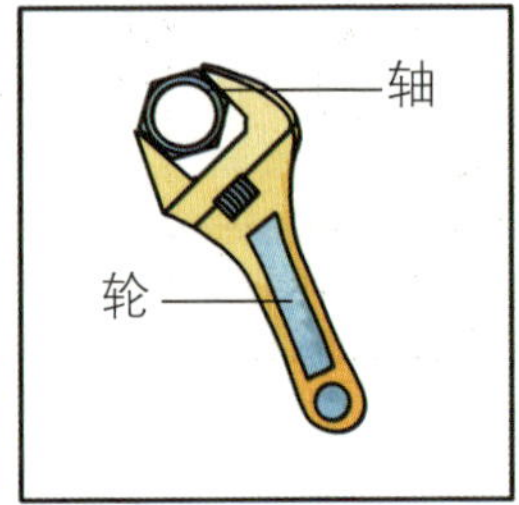

小鲁和阿布发现的轮轴

用了轮轴的原理。

这还不简单，生活中的轮轴太多了，不一会儿他们就找到了几样。

当然，生活中的轮轴远远不止这些，如果你还有其他的发现，可不要忘记告诉小鲁和阿布呀。

思考

什么是轮轴？除了门把手，生活中你还见过哪些轮轴？

自制阿基米德螺旋泵

和爸爸妈妈一起来制作一个简易的阿基米德螺旋泵，见识一下它是如何把水引向高处的吧。

安全提示： 此实验需有家长陪同进行；使用热熔胶时注意安全，避免烫手

实验准备： 小水盆，细软管，热熔胶，胶水瓶，清水

实验过程：

1. 将细软管缠绕在胶水瓶上，并用热熔胶固定；

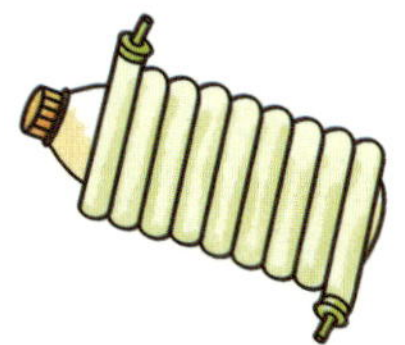

2. 水盆里倒入清水，将做好的螺旋泵一端放入水中；

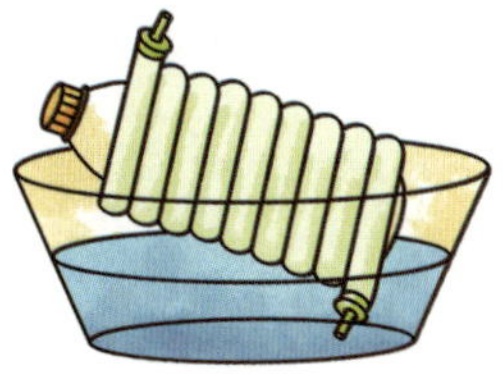

3. 慢慢旋转，观察水的变化；

4. 水慢慢地被吸上来了。

物理原理——轮轴原理：这个自制的阿基米德螺旋泵相当于一个轮轴装置，水进入软管后，会往下流，旋转轮轴，水会从一个螺旋进入下一个螺旋，细软管中的水越升越高，最后从另一端流出。

肯博士说

- 由轮和轴两部分组成，能绕共同轴线旋转的简单机械叫作轮轴。轮轴也是一种变形的杠杆。
- 轮轴转动时，如果是大轮带动小轮，就是省力的，大轮越大越省力；如果是小轮带动大轮，就是费力的。
- 轮轴是能够连续旋转的杠杆，支点就在轴线，轮轴在转动时轮和轴的转速相同。

如何提起一头大象

物理概念

滑　轮

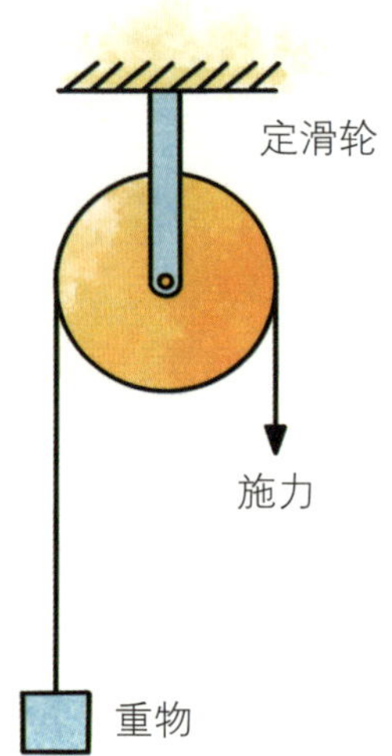

阿布成功当选为本周的旗手，小鲁非常羡慕。升旗仪式结束后，他就追在阿布的身后，询问他到底是怎么将旗帜升起来的。

阿布也说不清楚，只知道是旗杆的顶端有个装置，只要拉动绳子，旗帜就会慢慢升起来。“到底是什么装置呢？”小鲁非要把事情弄个水落石出。他说服了阿布，放学后准备偷偷爬上旗杆去查看一番。哪知道，刚爬了几下，有人就拽住了他的脚踝。小鲁低头一看，原来是肯博士。

小鲁和阿布知道自己犯了错，低头把事情一五一十都交代了。肯博士听了，不屑地摇摇头，“我还以为是什么难解的问题呢，走吧，我来为你们揭开答案。”

他带着小鲁和阿布来到了自己的实验室，从储物柜里翻出了一个轮子一样的东西，说道：“这是滑轮，就是它让旗帜升上旗杆顶端的。”

小鲁和阿布好奇地拿起滑轮左看右看，他们都觉得这个滑轮和轮轴的样子有点儿像。肯博士也同意他们的说法，滑轮和轮轴一样，也利用

了杠杆原理。不过，滑轮是可以绕着中心轴旋转的圆环，它分为两种：一种叫作定滑轮，一种叫作动滑轮。

阿布举起手上的滑轮问道：“肯博士，旗杆上的滑轮属于哪一种呢？”

仔细观察，你会发现这个滑轮有个特点：它的中心轴是固定不动的，不过它可以改变力的方向，使升旗的线绳一边上一边下，于是，旗帜就升起来了，它就是定滑轮。

不过，定滑轮有个缺点，它不能省力，因为绳索两端的拉力是相等的。所以，只能用它来拉动分量不太重的物体。如果要提起非常重的物体，比如一块巨大的石头或是一头大象，那就需要另外一种滑轮来帮忙了。

肯博士又从储物柜里拿出来了一个滑轮，递给了小鲁和阿布：“你们看，这就是动滑轮。”

“肯博士，使用动滑轮就可以举起很重的东西吗？”阿布有点儿怀疑地问道。

肯博士拿起动滑轮，一边演示一边解释道：“动滑轮和定滑轮不同，使用的时候绳子一端被固定，滑轮的轴可以随着物体一起移动，也就是说，如果你把重物挂在了动滑轮上，在提升重物的时候动滑轮也会跟着一起上升。”

小鲁和阿布头脑里浮现出大象和动滑轮一起上升的情景，便忍不住笑了起来。

“是不是使用动滑轮，不论多重的东西，我都可以提起来了？”小鲁很想知道，利用动滑轮，是不是可以把自己变成大力士。

这就有些异想天开了，使用动滑轮虽然可以省力，但它只能省一半的力，同时它要费一倍的距离。所以，要想举起大象那样重的东西，除了使用动滑轮，还是需要借助大型的起重设备才能办到。

看来世界上没有十全十美的东西，滑轮也是一样，定滑轮和动滑轮都有各自的优缺点，只有根据条件去选择，才能更合理地使用它们。小鲁和阿布已经分别找到了定滑轮和动滑轮的一种用途，剩下的就留待你去发现吧。

什么是滑轮？它有几种类型？

自制小滑轮

按照下面的方法，你也可以制作出一个小小的滑轮，用它来进行各种小实验了。

安全提示： 此实验需有家长陪同进行，使用裁切工具时请由家长操作

实验准备： 线轴，铁丝，乳胶，砂纸

实验过程：

1. 将线轴两端截下来，用砂纸打磨平滑；

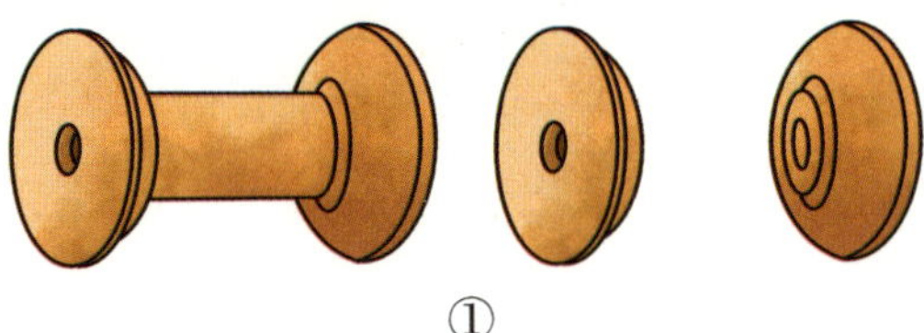

①

2. 截好的线轴两端用乳胶粘牢，制成滑轮雏形；

3. 用铁丝穿过步骤2的滑轮，将铁丝弯成图中的样子，滑轮制作完成。

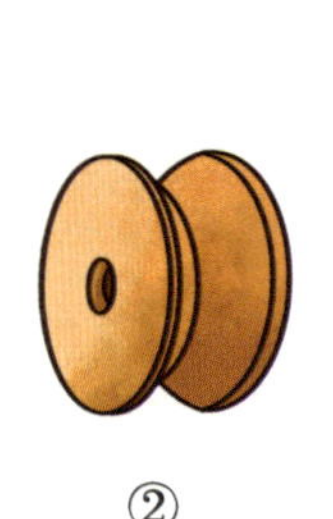

②

③

物理原理——定滑轮：做好的滑轮轴的位置固定不动，所以是定滑轮，不省力，不费距离，但是可以改变力的方向。使用它可以模拟升旗过程。

- 滑轮是可以绕着中心轴旋转的圆环，是一种为生活提供便利的简单机械。
- 使用滑轮时，轴的位置固定不动的滑轮称为定滑轮，定滑轮不省力，不费距离，可以改变力的方向。
- 轴的位置随被拉物体一起运动的滑轮称为动滑轮，动滑轮不能改变力的方向，但可以省一半的力。
- 滑轮实际上是变形的、能转动的杠杆。

两全其美的组合

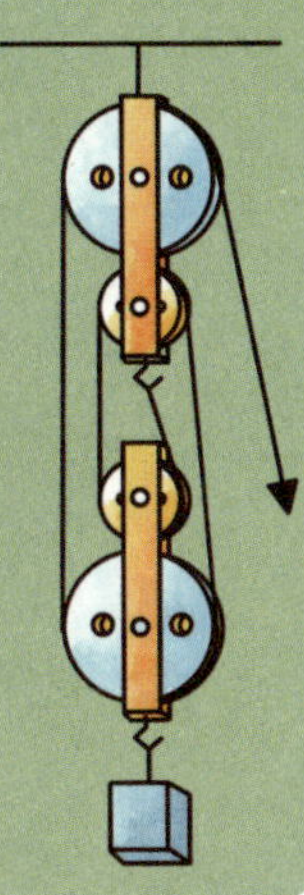

物理概念

滑轮组

见识一下我做的滑轮组。

小鲁和阿布在街心花园里玩探险游戏，结果他们在花坛里捕获了一头“怪兽”。“这不是布马 1 号吗？”小鲁摘掉“怪兽”身上的树枝草叶，惊叫起来。

小机器人想要逃跑，小鲁和阿布合力将它带到了肯博士那里。肯博士正在四处寻找布马 1 号，见到它，顿时又惊又喜。原来，实验室正在赶制一批滑轮，布马 1 号累得受不了，所以昨晚从实验室里逃走了。

“肯博士，都是你不好，为什么让布马 1 号做这么辛苦的工作？”小鲁替布马 1 号打抱不平。肯博士连忙解释，自己的一项实验需要使用滑轮组，所以，最近才这么忙碌。

一听到“滑轮”两个字，小鲁和阿布来了兴趣。于是，他们坐了下来，听肯博士细细解释。

肯博士拿出了一个制作好的滑轮组给他们看，“听名字就知道，滑轮组相当于几个滑轮组合，它是由定滑轮和动滑轮组成的。”

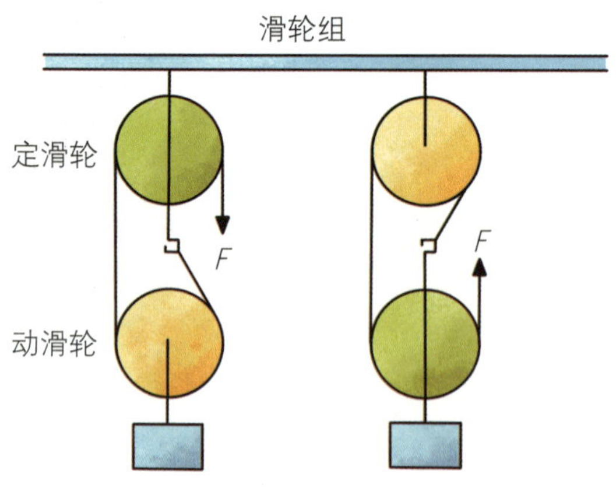

滑轮组同时具有定滑轮和动滑轮的优势，既能省力，也能改变力的方向。

你是不是觉得，滑轮组可以算得上是最方便的工具了？其实，很多人都有这样的误解，“最方便”和“最省力”可不是一回事。想要达到这两个目的，就要对滑轮组做不同的改变。既然布马 1 号还在赌气，肯博士只好亲自动手制作了滑轮组。

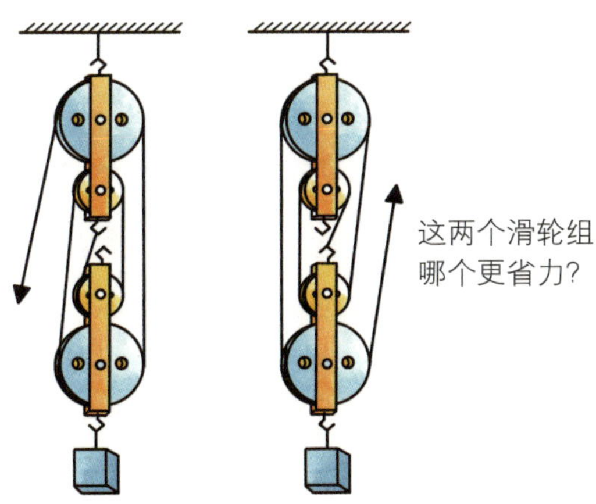

使用的时候，人站在地面上向下拉绳子，既省力又方便。不过，它并不是最省力的滑轮组。

还是同样的滑轮，有什么办法可以使这个滑轮组做到最省力呢？肯博士把滑轮组上绕线的绳子改变了一下：

阿布数了数，发现现在这个滑轮组中，动滑轮上比刚才多了一股绳子。没错，让滑轮组做到最省力的方法就是尽可能多地增加动滑轮上相连绳子的股数。

滑轮组一般是省力的，省力的多少由吊起（或承担）动滑轮的绳子股数决定。

小鲁在一旁看得早就手痒了，他拿起绳子想自己做一个滑轮组，可是绳子绕来绕去，总是绕不对。肯博士得意地告诉他："滑轮组绳子的绕法是有窍门的，物理学家们总结出了一个公式：$F=\frac{1}{n}G$，其中 F 指的是拉绳子的力，n 指的是动滑轮上绳子的股数，G 表示被提起的物体的重量。当 n 是奇数时，绳子从动滑轮上打结开始绕；当 n 是偶数时，绳子从定滑轮上打结开始绕。这个方法被称为'奇动偶定'。"

肯博士拿出了几个滑轮组，让小鲁和阿布自己挑选，布马 1 号终于忍不住了，也过来选了一个。猜猜看，这几个滑轮组哪个最省力呢?

这里面也有一个小窍门，在动滑轮个数相同时，尽量采用绳子与动滑轮相连股数较多的方法；或在动滑轮个数不同时，选用动滑轮多的一组，这样才能做到最省力。

果然还是布马 1 号最聪明，肯博士把这个滑轮组当作奖牌，送给了它。布马 1 号这下心情好了，它又回去开始工作了。小鲁和阿布也要回家了，他们商量好，每人制作一个滑轮组，明天再来比一比，看谁的最省力。

小朋友，你有什么好的建议吗？

滑轮组不但省力，而且可以改变力的方向，但是费了距离。滑轮组应用很广泛，电梯、吊车都使用了滑轮组的原理。

滑轮组由什么组成？它有什么优点？

制作滑轮组

小朋友，你的家里一定有纽扣吧，用它们就可以制作一个精致的滑轮组，快来动手试试吧。

安全提示： 此实验需有家长陪同进行；钻孔时请由家长操作，小朋友不要接触尖锐的危险物

实验准备： 大纽扣、小纽扣各 4 枚，塑料片 4 片，细铁丝，热熔胶，细线

实验过程：

1. 在纽扣中央钻孔，大和大、小和小，两两粘在一起，并用细铁丝

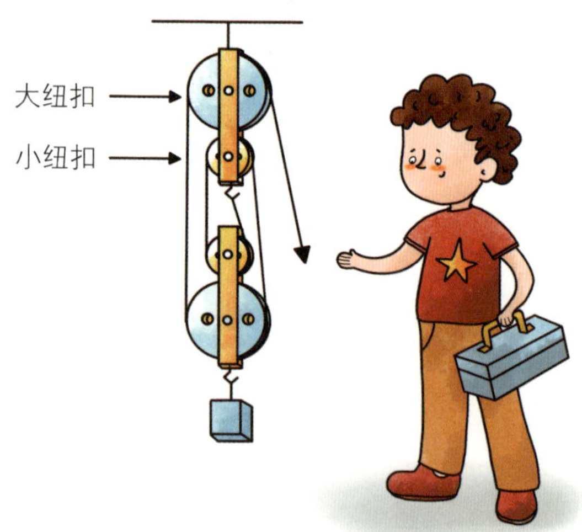

弯成一个钩子粘在中间；

2. 一组大纽扣和一组小纽扣放在一起，将塑料片放在纽扣上，在相应地方钻孔，位置和纽扣上钻孔位置一致；

3. 用细铁丝将纽扣、塑料片固定在一起，制成图中样子，再用细线将它们连起来，滑轮组就做好了。

物理原理——滑轮组： 纽扣和塑料片组成了动滑轮和定滑轮，用细线连在一起就成了滑轮组。

- 滑轮组由定滑轮和动滑轮组成，既省力又可以改变力的方向。
- 滑轮组用几股绳子吊着物体，提起物体所用的力就是总重的几分之一，绳子的自由端绕过动滑轮的算一段，而绕过定滑轮的就不算了。
- 使用滑轮组虽然省了力，但费了距离，动力移动的距离大于重物移动的距离。

发动汽车

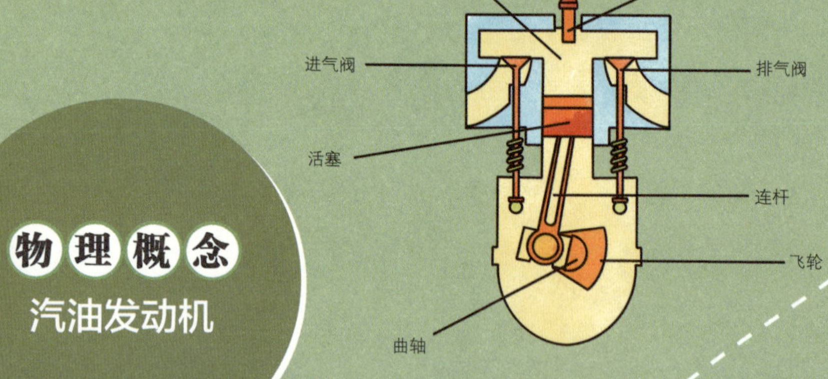

物理概念
汽油发动机

今天是每月一次的校外参观日，地点是布马小镇上的汽车修理厂。虽说大家对汽车并不陌生，但汽车的内部构造很多人还是第一次见。

小鲁在车里发现了一个奇怪的部件，肯博士告诉他，“这可是汽车上最重要的部分，没有它，汽车不可能行驶起来。”原来小鲁看到的是汽车的发动机。

汽车发动机被称为“汽车的心脏”，它是为汽车提供动力的装置。

发动机就位于汽车的车头部分。目前，马路上行驶的多数汽车使用的都是汽油发动机。

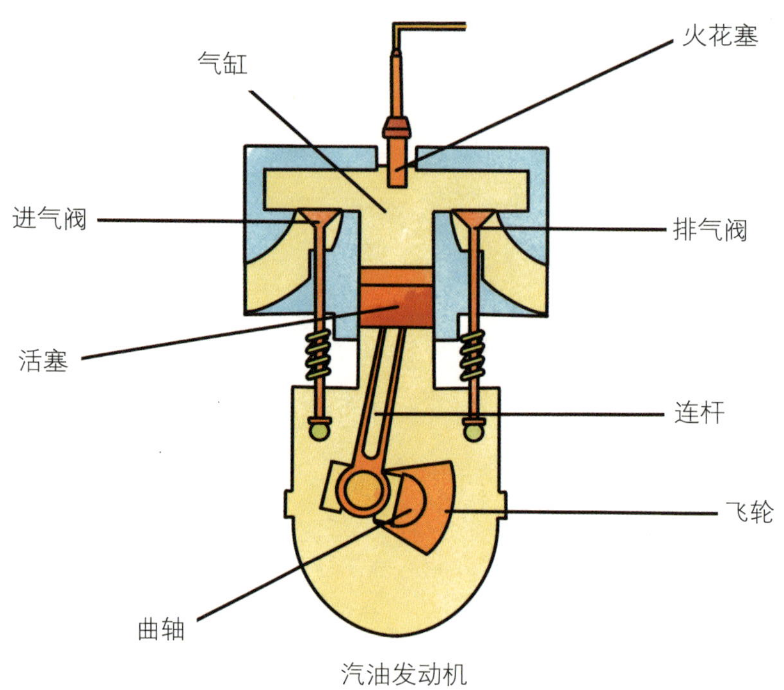

汽油发动机

“原来发动机这么小，它是怎么让汽车发动起来的呢？”阿布也对发动机产生了兴趣。

肯博士向修理厂的工人借来了一个汽油发动机，为他们讲了起来。

汽油发动机由几个重要的部分构成，它们是：气缸、火花塞、进气阀、排气阀、活塞、连杆、飞轮和曲轴。

当我们发动汽车时，混有汽油的空气进入发动机的气缸，提拉活塞挤压空气，混有汽油的空气被活塞这么一挤压，温度就会升高。这个时候火花塞放电产生火花，就会点燃混合气体，使它在气缸内猛烈燃烧，产生出高温、高压的燃气，推动活塞上下运动，于是，就形成了能使汽车发动的动力。

汽油发动机是依靠燃气的力来推动活塞的，它的体积不大，却可以产生很大的力。

小鲁和阿布听得张大了嘴巴，原来汽车发动时要做这么多工作啊。不过，只听肯博士这样讲，实在不过瘾，要是能亲眼看一看汽油发动机的工作过程，那就好了。

没有什么能难倒肯博士。参观活动结束后，他带着小鲁和阿布回到了自己的实验室里。肯博士打开了3D投影仪，一个立体的汽油发动机出现在了半空中。

哇！汽油发动机开始工作了。

画面渐渐发生了变化，发动机内部的汽缸开始工作了。

肯博士说道：“看到那个活塞了吗？汽油发动机工作时，活塞在气缸内做一次单向运动，叫作一个冲程。下面，让汽油发动机来演示一下它是怎样工作的。”

肯博士按下投影仪的按键，影像中的汽油发动机开始工作起来。在肯博士的提示下，小鲁和阿布发现，汽油发动机不断地重复着四个过程。

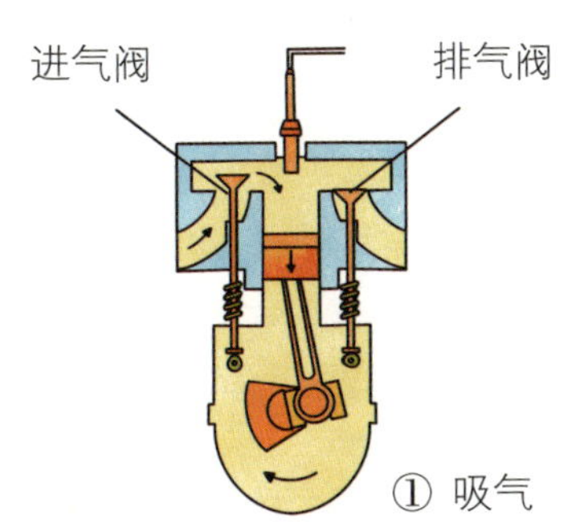

① 吸气

① 吸气冲程。

打开进气阀，关闭排气阀，活塞向下

运动，汽油和空气的混合物进入气缸。

② 压缩冲程。

进气阀和排气阀都关闭，活塞向上运动，混合气体被压缩，气缸内部温度升高。

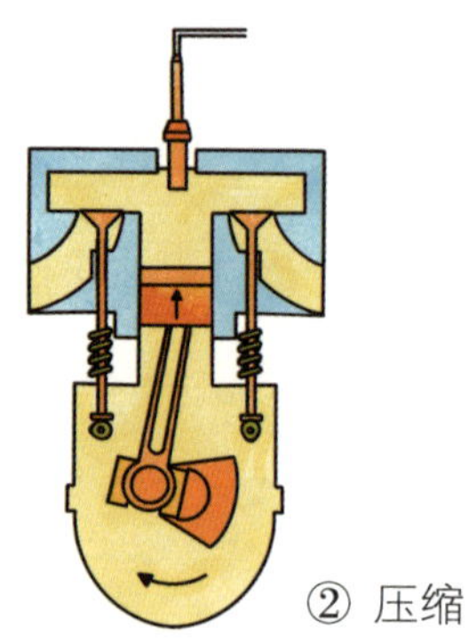

② 压缩

③ 做功冲程。

火花塞点火，使混合气体猛烈燃烧，产生高温高压的气体，推动活塞向下运动，带动曲轴转动，对外做功。

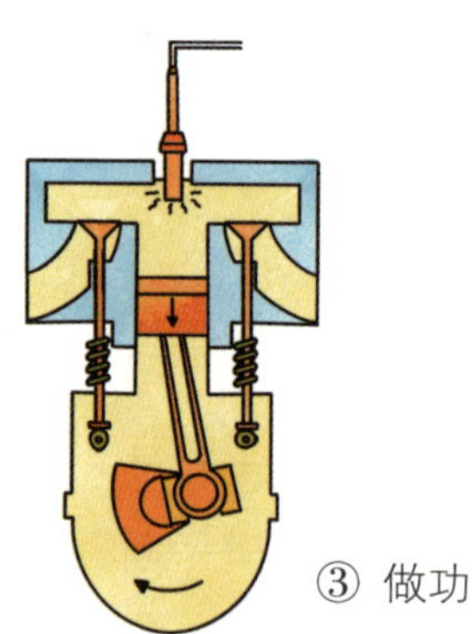

③ 做功

④ 排气冲程。

进气阀关闭，排气阀打开，活塞向上运动，把废气排出气缸。

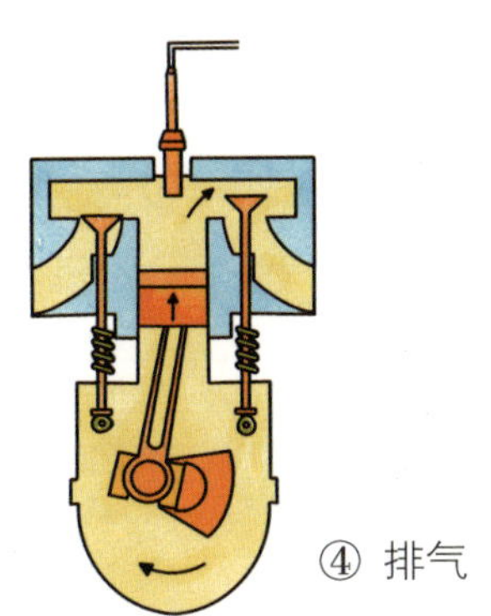

④ 排气

“一、二、三、四，我明白了，汽油发动机的一个工作循环有四个冲程。”阿布兴奋地说道。

肯博士点点头，回答：“你说对了，像这样，不断重复四个冲程的发动机就叫作‘四冲程发动机’。”

四冲程发动机的工作过程是由吸气、压缩、做功、排气四个冲程组成的。四个冲程为一个工作循环，在一个工作循环中，活塞往复两次，曲轴转动两周，四个冲程中，只有做功冲程燃气对外做功，其他三个冲程靠飞轮的惯性完成。

现代汽车的发动机一般都是四冲程发动机，如果你的家里有汽车，也可以去查看一下。

了解了汽油发动机的原理，小鲁和阿布要坐肯博士的汽车去兜风了。小朋友，下次你乘坐汽车的时候，可不要忘记，这是发动机的功劳哟。

汽油发动机由哪几部分构成？它一般位于汽车的哪个位置？

自制小型空气压缩涡轮

动动手，来制作一个利用空气就可以发动的空气涡轮吧。

安全提示： 此实验需有家长陪同进行，实验中操作尖锐物品时注意安全

实验准备： 大瓶盖 1 个，小瓶盖 1 个，气球 1 个，吸管 1 根，铁丝 1 根，垫片 1 个，热熔胶，硬纸，剪刀

实验过程：

1. 小瓶盖打孔，用热熔胶粘上垫片；

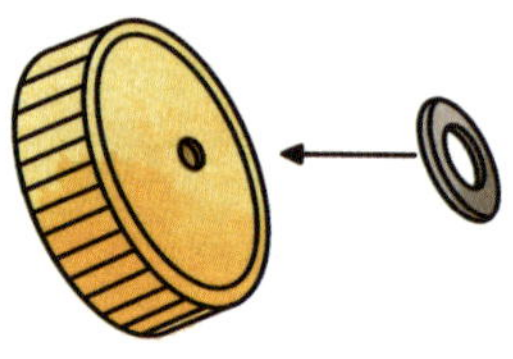

2. 大瓶盖打孔，中间一个，下面再打两个大一点儿的、对称的孔；

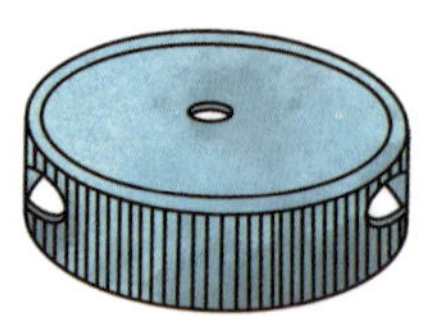

3. 将吸管剪为两截，分别插入大瓶盖的两个对称孔内，并用热熔胶粘牢；

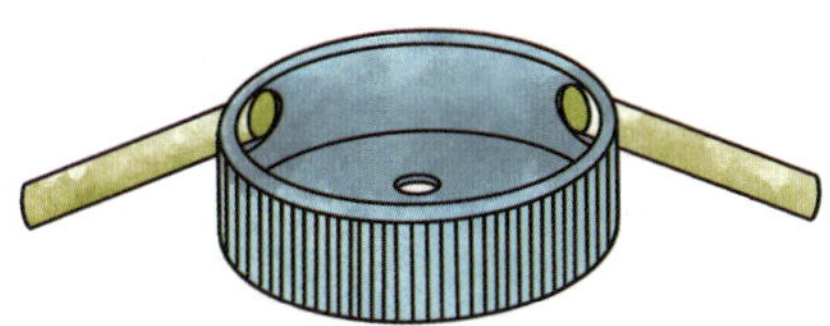

4. 将硬纸裁剪成小长条，粘在小瓶盖上；

5. 将铁丝穿进小瓶盖中央的小孔内，将步骤 3 和步骤 4 组合在一起；

6. 在迎向硬纸条开口方向的吸管上套一个吹鼓的气球，就可以看见小涡轮转动了。

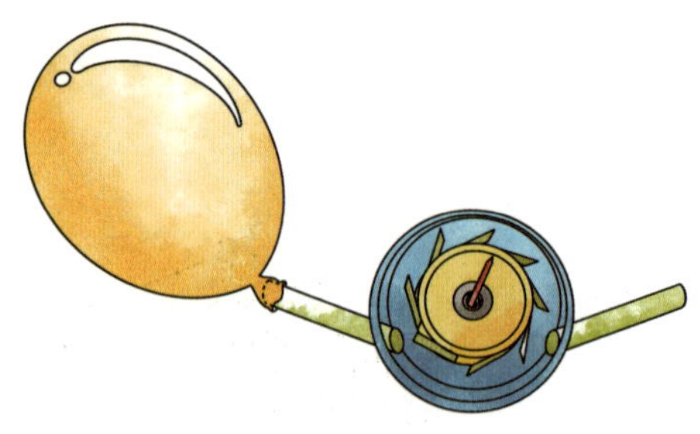

物理原理——风能转化为动能：放松捏气球充气口的手，气球中的空气向外涌出，吹动涡轮上的扇叶，将风能转化为动能，所以，空气涡轮就转动起来了。

- 汽油发动机是以汽油作为燃料，将内能转化成动能的发动机。它由几个重要的部分构成，它们是：气缸、火花塞、进气阀、排气阀、活塞、连杆、飞轮和曲轴。
- 汽油发动机是依靠燃气的力来推动活塞的，它的体积不大，但是却可以产生很大的力。
- 活塞在气缸内做一次单向运动，叫作一个冲程。
- 汽油发动机工作时要不断重复四个冲程：吸气冲程、压缩冲程、做功冲程、排气冲程。